Vitamine

Karl Heinz Bässler

Vitamine

Dritte,
vollständig neu bearbeitete Auflage

Steinkopff Verlag Darmstadt

Prof. Dr. K. H. Bässler
Physiologisch-Chemisches Institut
Johannes-Gutenberg-Universität
Saarstraße 21
6500 Mainz

CIP-Kurztitelaufnahme der Deutschen Bibliothek

Bässler, Karl H.:
Vitamine / Karl Heinz Bässler. – 3., vollst. neu bearb. Aufl. –
Darmstadt : Steinkopff, 1989
1. Aufl. als: Uni-Taschenbücher; 507
ISBN 3-7985-0785-6

Verlagsredaktion: Heidrun Sauer – Herstellung: Heinz J. Schäfer

Printed in Germany

Satz: Typoservice, Alsbach
Druck: Betz-Druck, Darmstadt

Vorwort

Seit dem Erscheinen der 2. Auflage „Vitamine“ ging die Entwicklung der Wissenschaft in diesem Gebiet in solch rasanten Schritten vor sich, daß das Buch zum größten Teil neu geschrieben werden mußte. Die Kapitel über die einzelnen Vitamine sind einheitlich gegliedert und behandeln Chemie und Eigenschaften, Vorkommen, Wirkform und Wirkungsmechanismus, Stoffwechsel, Mangelerscheinungen, Erfassung des Vitaminstatus und Empfehlungen für die Höhe der Zufuhr. Neu aufgenommen wurden Abschnitte über Fragen des Bedarfs, Stadien des Vitaminmangels, über den Versorgungszustand der Bevölkerung (Risikogruppen), über prophylaktische und therapeutische Anwendung von Vitaminen, über „Megadosierung“ und über die Sicherheit hoher Vitamindosierungen.

Vitamine sind in die öffentliche Diskussion geraten, und mancher Arzt, mancher Apotheker, selbst mancher Ernährungsberater steht ratlos vor den beiden Extremen: auf der einen Seite Heilsversprechungen aller Art für die Einnahme riesiger Vitaminmengen, auf der anderen Seite völlige Ablehnung jeglicher „künstlicher“ Substitution.

Das Buch soll die Basis für ein Grundverständnis für Wirkungen und Wirkungsmechanismen, für Physiologie und Pathophysiologie der Vitamine legen. Es soll eine Ergänzung zu biochemischen und ernährungsphysiologischen Lehrbüchern sein, weil in ersteren ernährungsphysiologische, in letzteren biochemische Gesichtspunkte häufig zu kurz kommen. Es war nach wie vor das Bestreben, die wichtigsten Tatsachen vollständig, aber dennoch möglichst knapp darzustellen. Dieses Büchlein soll und kann kein Handbuch ersetzen. Wo eine ausführliche Darstellung seinen Rahmen sprengen würde, wird auf spezielle Literatur, möglichst auf Übersichtsarbeiten, verwiesen.

Bei der großen Bedeutung, die Vitamine in Medizin, Ernährungswissenschaft, Biologie, Biochemie, Pharmazie und Lebensmittelchemie besitzen, ist auf einen breiten Leserkreis zu hoffen. Das Ziel wäre erreicht, wenn das Buch zu einer Versachlichung der Diskussion über Vitamine und zu einer vernünftigen Anwendung der Vitamine beitragen würde.

Mein Dank gilt dem Verlag für die verständnisvolle Zusammenarbeit sowie den Rezensenten der letzten Auflage für konstruktive Kritik.

Mainz, im Februar 1989 K. H. Bässler

Inhaltsverzeichnis

Abkürzungen

ACTH	Adrenocorticotropes Hormon
ADP	Adenosindiphosphat
AMP	Adenosinmonophosphat
ATP	Adenosintriphosphat
CoA	Coenzym A
DGE	Deutsche Gesellschaft für Ernährung
DHF	Dihydrofolsäure
DNS (DNA)	Desoxyribonucleinsäure
FAO	Food and Agriculture Organization
IE	Internationale Einheit
IUPAC	International Union of Pure and Applied Chemistry
RDA	Recommended Dietary Allowances = Empfehlungen des US Food and Nutrition Board für die Nährstoffzufuhr
RNA	Ribonucleinsäure
TSH	Thyreotropes Hormon
WHO	World Health Organization

1. Vitamine – eine Einführung

Definition und Nomenklatur

Vitamine sind organische Verbindungen, die vom Organismus für bestimmte lebenswichtige Funktionen benötigt werden, jedoch im Stoffwechsel nicht oder nicht in genügendem Umfang hergestellt werden können. Deshalb müssen sie regelmäßig mit der Nahrung zugeführt werden, entweder als fertige Vitamine oder als Provitamine, die leicht in die entsprechenden Vitamine umgewandelt werden können. Da Vitamine weder als Energielieferanten noch als Baumaterial für Körpersubstanz eine Rolle spielen, sondern im wesentlichen an katalytischen oder steuernden Funktionen beteiligt sind, werden – im Vergleich zu den energieliefernden Nährstoffen – außerordentliche geringe Mengen benötigt. Vitamine sind durch ihre Wirkung definiert. Chemisch gehören sie zu den verschiedensten Stoffgruppen. Die Bezeichnung ist historisch bedingt: Als FUNK 1911 aus Reiskleie eine stickstoffhaltige Substanz in kristalliner Form isolierte, die gegen Beri-Beri wirksam war, prägte er den Ausdruck „Vitamin“. Auch die Bezeichnung der Vitamine mit Buchstaben geht auf die Zeit zurück, als die chemische Konstitution der Vitamine noch unbekannt war.

Heute werden die Regeln der IUPAC für die Nomenklatur der Vitamine angewendet, die entsprechenden Namen sind in Tabelle 1 wiedergegeben.

Ein allgemeines und unspezifisches Vitaminmangelsymptom ist die Wachstumshemmung bei jungen wachsenden Tieren, die man bei jedem Mangel an irgendeinem essentiellen Nahrungsfaktor findet. Die speziellen Mangelsymptome hängen mit der spezifischen Funktion des jeweiligen Vitamins zusammen.

Der Grund für die Unentbehrlichkeit der Vitamine liegt darin, daß im Laufe der Evolution die Biosynthesekette für diese Stoffe durch Defektmutationen unterbrochen worden ist. So ist es auch zu verstehen, daß hinsichtlich des Vitamincharakters dieser Verbindungen Speciesunterschiede bestehen, Ascorbinsäure z. B. ist nur für den Menschen und wenige andere Species ein Vitamin.

Einteilung der Vitamine

Man teilt die Vitamine in 2 Gruppen ein:

Wasserlösliche Vitamine:	Thiamin (Vitamin B_1)
	Riboflavin (Vitamin B_2)
	Niacin
	Biotin
	Pyridoxin (Vitamin B_6)
	Pantothensäure
	Folsäure
	Cobalamin (Vitamin B_{12})
	Ascorbinsäure (Vitamin C)
Fettlösliche Vitamine:	Retinol (Vitamin A)
	Calciferole (Vitamin D)
	Tokopherole (Vitamin E)
	Phyllochinon und
	Menachinon (Vitamine K_1 und K_2)

Tabelle 1. Nomenklatur der Vitamine

Nomenklatur der Internationalen Union für reine und angewandte Chemie (IUPAC)	Gegenwärtig noch übliche Nomenklatur
Retinol	Vitamin A-Alkohol
Retinal	Vitamin A-Aldehyd
Retinsäure	Vitamin A-Säure
Ergocalciferol	Vitamin D_2
Cholecalciferol	Vitamin D_3
Tocopherole	Vitamin E
Phyllochinon	Vitamin K_1
Menachinon	Vitamin K_2
Thiamin	Vitamin B_1
Riboflavin	Vitamin B_2
Niacin	Nicotinsäure
	Nicotinsäureamid
	Nicotinamid
Pyridoxin	Vitamin B_6
Pyridoxal	
Pyridoxamin	
Pantothensäure	Pantothensäure
Biotin	Biotin
Folsäure	Folsäure, Pteroylglutaminsäure
Cobalamine	Vitamin B_{12}
Ascorbinsäure	Vitamin C

Dieses Einteilungskriterium erscheint recht oberflächlich, aber gerade Lösungseigenschaften haben Einfluß auf eine Reihe von biologischen Eigenschaften, welche insbesondere Resorption, Transport, Speicherung und Ausscheidung betreffen. Wasserlösliche Vitamine können nicht gespeichert werden; hier begrenzt im wesentlichen die Menge an Apoenzymen die im Körper retinierbare Menge, und überschüssige Zufuhr führt zur Ausscheidung im Harn. Fettlösliche Vitamine dagegen können gespeichert werden, und die Ausscheidung überschüssiger Mengen ist in größerem Umfang nur möglich, wenn sie im Stoffwechsel in exkretionsfähige Produkte umgewandelt wurden. Bei übermäßiger Zufuhr kann es daher bei Vitamin A und D zu Hypervitaminosen kommen.

Am eindeutigsten sind die B-Vitamine in ihrer Wirkung charakterisiert: Sie sind Bausteine von Coenzymen, die im Organismus synthetisiert werden. Da bei diesen Biosyntheseprozessen meist wiederum andere B-Vitamine als Bestandteile von Coenzymen beteiligt sind, gibt es selten isolierte Mangelzustände im Bereich der B-Vitamine. Die großen Vitaminmangelkrankheiten wie etwa Beri-Beri oder Pellagra sind stets kombinierte Mangelzustände mit Schwerpunkt auf Thiamin bzw. Nicotinsäure.

Vitaminnachweis

Zum Nachweis von Vitaminen können
- physikalisch-chemische Methoden (z.B. Lichtabsorption, optische Aktivität),
- chemische Methoden
- biologische Methoden (kurative Tests im Hinblick auf bestimmte Mangelsymptome) und
- mikrobiologische Methoden (Gärung, Wachstum u.a.)

herangezogen werden. Fragen der Empfindlichkeit und der Spezifität sind hier jeweils abzuwägen. Da es sich bei Vitaminbestimmungen vielfach um recht komplizierte Verfahren handelt, sollen Nachweisreaktionen in diesem Buch nicht näher behandelt werden. Hierzu sei auf entsprechende Fachliteratur verwiesen (1, 9). Auf den Nachweis mit biologischen Methoden zu einer Zeit, als die chemische Konstitution vieler Vitamine noch nicht bekannt war, gehen die Mengenangaben in „biologischen Einheiten" zurück. Sie sind untereinander nicht vergleichbar, da sie sich jeweils auf eine bestimmte Wirkung im Tierversuch beziehen. Heute können und sollen sie durch Gewichtseinheiten ersetzt werden.

Vitaminquellen

Produzenten für Vitamine sind im wesentlichen niedere Lebewesen: Pflanzen und Mikroorganismen. Für den Menschen sind die wichtigsten Vitaminquellen:

1. Pflanzen
2. Tierische Nahrungsmittel (Fleisch, Fett, Innereien). Hier finden sich die Vitamine entweder gespeichert oder eingebaut in Coenzyme, aus denen sie bei der Verdauung wieder freigesetzt werden. In den Tierorganismus gelangen die Vitamine auf dem Weg über pflanzliche Nahrung oder Mikroorganismen.
3. Mikroorganismen des Darms.

Die Frage, ob der Wirt der Darmbakterien aus deren Vitaminsynthese Nutzen ziehen kann, hängt einmal von der produzierten Menge ab und zum anderen davon, ob die Synthese in einem Darmabschnitt erfolgt, in dem noch eine effektive Resorption erfolgt. Wiederkäuer sind aufgrund der Vitaminsynthese ihrer Pansenbakterien von der exogenen Zufuhr an B-Vitaminen praktisch unabhängig. Auch Pflanzenfresser mit großem Coecum können in erheblichem Umfang von der bakteriellen Vitaminsynthese profitieren. Andere Pflanzenfresser verbessern ihre Vitaminversorgung durch Koprophagie.

In welchem Umfang die Darmflora zur Vitaminversorgung des Menschen beiträgt, ist nicht genau bekannt. Da erst tiefere Darmabschnitte bakteriell besiedelt sind, ergeben sich ungünstige Resorptionsverhältnisse. Sicherlich liefert die Vitaminproduktion durch die Darmflora auch beim Menschen einen gewissen Beitrag zur Vitaminversorgung, aber nur bei Biotin und Vitamin K in einem solchen Ausmaß, daß unter normalen Bedingungen lediglich eine geringe Abhängigkeit von exogener Zufuhr besteht. Immerhin aber führt eine Zerstörung der Darmflora für viele Vitamine zu einem höheren exogenen Bedarf.

Über den Vitamingehalt von Nahrungsmitteln kann man sich anhand von Nährwerttabellen orientieren. Bei Zubereitung, Lagerung oder Konservierung kommt es durch die verschiedensten äußeren Einwirkungen zu Verlusten, deren Ausmaß für die einzelnen Vitamine recht unterschiedlich sein kann. Einen Überblick über die Empfindlichkeit der Vitamine und über mögliche Verluste gibt Tabelle 2.

Kochverluste sind nicht nur auf die Hitzeeinwirkung, sondern auch auf die Extraktion ins Kochwasser zurückzuführen. Hier kann die Mitverwendung des Kochwassers bei der Speisezubereitung nützlich sein.

Vitaminverluste bei der Lagerung von Früchten und Gemüsen kommen durch enzymatischen Abbau zustande. Dies trifft besonders für die

Ascorbinsäure zu. Solche enzymatischen Abbauvorgänge können durch Tiefgefrieren (Aufbewahrung bei mindestens −18 °C) verhindert oder verlangsamt werden.

Tabelle 2. Beständigkeit der Vitamine gegen äußere Einflüsse

Vitamine	Säure	Alkali	O_2	Licht	Hitze	Verluste in % beim Kochen der Speisen
Vitamin A	−	−	++	++	−	10–30
Vitamin D	−	+	++	+	−	gering
Vitamin E	−	−	++	+	−	50
Vitamin K	−	+	−	++	−	
Thiamin	−	++	+	−	++	30–50
Riboflavin	−	+	−	++	+	0–50
Niacin	−	−	−	−	−	0–30
Pyridoxin	−	−	−	++	+	~20
Pantothensäure	+	+	−	−	++	0–45
Biotin	−	−	−	−	−	0–70
Folsäure-Gruppe	−	−	−	+	++	0–90
Cobalamin	−	−	+	+	−	
Ascorbinsäure	−	++	+	+	+	20–80

− = beständig; + = labil; ++ = besonders labil

Antivitamine oder Vitaminantagonisten

Antivitamine sind Verbindungen, die aufgrund ihrer strukturellen Ähnlichkeit ein Vitamin von seinem Wirkort verdrängen können. Sie wirken also nach dem Prinzip der kompetitiven Hemmung. Sie spielen in der Forschung eine Rolle zur Erzeugung definierter Vitaminmangelzustände und haben vereinzelt therapeutische Bedeutung erlangt (z. B. Folsäure-Antagonisten als Zytostatika, Vitamin-K-Antagonisten als Antikoagulantien).

Vitaminbedarf

Angaben über den Vitaminbedarf sind stets vom angewandten Kriterium abhängig. Tabelle 3 zeigt den Tagesbedarf an Ascorbinsäure für das Meerschweinchen.

In ähnlicher Weise zeigt Tabelle 4, daß die Bedarfszahlen für Vitamin A bei der Ratte je nach Zielsetzung ganz unterschiedlich ausfallen.

Tabelle 3. Der Ascorbinsäurebedarf von Meerschweinchen (250–350 g Körpergewicht) in Abhängigkeit vom Kriterium (6)

Kriterium	Tagesbedarf mg
Plasmaphosphatase	0,23
Wachstum	0,4–2,0
Scorbut, makroskopische Symptome	0,5
Scorbut, mikroskopische Symptome	1,3–2,5
Odontoblastenwachstum	2
Wundheilung	2
Knochenwachstum	2
Fortpflanzung	2–5
Lebensdauer	5
Sättigung der Gewebe	25–50 und mehr

Tabelle 4. Vitamin-A-Bedarf der Ratte in Abhängigkeit von der Zielsetzung (IE pro kg Körpergewicht und Tag); (7)

Ziel	Bedarf
Verhinderung der Keratinisierung des Vaginalepithels	20
Maximales Wachstum mit geringer Speicherung in der Leber	250
Maximale Blutspeicher mit normaler Leberspeicherung	500
Optimale Lebensdauer, höheres Gewicht, maximale Reproduktion	1200

Der Bedarf ist außerdem abhängig vom Individuum und von der biologischen Situation (z.B. Krankheit, Streß). Nationale Gremien, die sich mit Ernährungsempfehlungen befassen, sprechen daher nicht von „Bedarf“, sondern von „empfehlenswerter Zufuhr“ oder „Recommended Dietary Allowances“ = RDA (5). Zur Ermittlung dieser Werte benutzt man je nach Vitamin unterschiedliche Parameter, die das eventuelle Vorliegen eines Mangels anzeigen. Die Angabe von Mittelwerten zur Deckung des Vitaminbedarfs wäre wenig sinnvoll, da innerhalb der Bevölkerung eine gewisse individuelle Streuung vorliegt. Deshalb wird bei der Angabe der empfehlenswerten Zufuhr, ausgehend vom Bedarf, eine Sicherheitsspanne von 2 Standardabweichungen zugelegt, so daß der Bedarf der überwiegenden Bevölkerungsmehrheit (97,5%) gedeckt ist. Bei unterschiedlicher Auffassung über die geeigneten Kenngrößen zur Festlegung ausreichender Vitaminzufuhr und über die erforderlichen Sicherheitsspannen ist es nicht verwunderlich, daß die

Empfehlungen in verschiedenen Ländern auch unterschiedlich ausfallen: Die Empfehlungen für Vitamin C z. B. liegen in Großbritannien bei 30 mg/Tag, in der UdSSR bei 100 mg/Tag. Bei den meisten Vitaminen jedoch ist die empfehlenswerte Zufuhr der verschiedenen Länder in einem vergleichbaren Bereich.

All diese Empfehlungen gelten für gesunde Menschen mit durchschnittlicher Lebensweise. Sie sind nicht gedacht für Kranke oder Personen mit erhöhtem Vitaminbedarf. Empfehlungen garantieren die Vermeidung von Mangelerscheinungen, zielen aber nicht auf „optimale Gesundheit", weil diese weder eindeutig definiert werden kann, noch einer Messung zugänglich ist. Hier liegt die Wurzel für die Kontroverse dafür, ob die von den Gremien erarbeiteten Empfehlungen für die Höhe der Vitaminzufuhr – die durch eine abwechslungsreiche und ausgewogene Ernährung gesichert werden kann – ausreichend sind, oder ob durch eine höhere Zufuhr Vorteile in Richtung „optimale Gesundheit" erreicht werden können (z. B. Steigerung der körperlichen und geistigen Leistungsfähigkeit, Verhinderung chronisch degenerativer Erkrankungen, höheres Lebensalter usw.). Wohl gibt es verschiedene Hinweise auf Vorteile einer höheren Vitaminzufuhr, unter anderem auch aus Erfahrungen in der Tierzucht. Gegenwärtig sind sie jedoch ebensowenig exakt wissenschaftlich beweisbar wie die gegenteilige Behauptung, daß nämlich eine ausgewogene Ernährungsweise optimale Vitaminzufuhr garantiere.

Ursachen der Avitaminosen

Die wichtigsten Ursachen für Avitaminosen beim Menschen sind:

1. *Alimentärer Vitaminmangel:* bedingt durch Unterernährung, einseitige Ernährung oder Zerstörung von Vitaminen bei falscher Nahrungszubereitung;
2. *Störung der Darmflora:* z. B. durch Therapie mit Antibiotika;
3. *Störung der Resorption:* durch Resektionen, chronische Durchfälle, Atrophie der Darmschleimhaut, Malabsorptionssyndrome. Ein Spezialfall ist das Fehlen des Intrinsicfactor für die Resorption von Vitamin B_{12}.
4. *Erhöhter Bedarf.*
5. *Erhöhte Verluste.*

Stadien des Vitaminmangels

Ein Vitaminmangel kann in seiner Folge ein breites Spektrum von

Manifestationen nach sich ziehen, angefangen von latenten, objektiv nicht erfaßbaren Zuständen bis hin zu irreversiblen Schäden. Nach Brubacher (3) lassen sich verschiedene Stadien des Vitaminmangels unterscheiden, die fließend ineinander übergehen (Abb. 1).

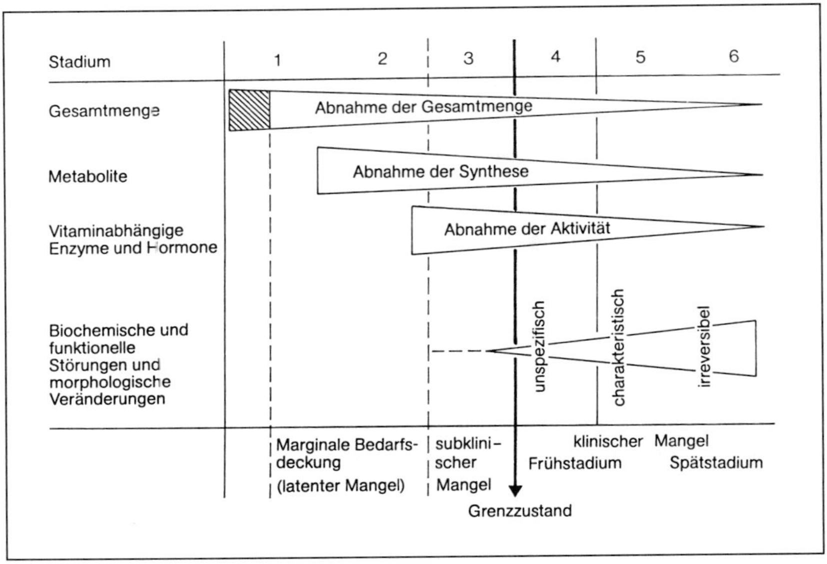

Abb. 1. Stadien der Vitaminverarmung. (Nach 3)

Bei adäquater Vitaminzufuhr wird immer eine gewisse Menge an Vitaminen oder ihrer Metabolite über Harn und/oder Galle und Kot ausgeschieden. Im Blut und in den Zellen findet man Konzentrationen an Vitaminen bzw. Coenzymen, die für die Zufuhrhöhe charakteristisch sind. Bei marginaler Bedarfsdeckung kommt es zu einem allmählichen Verlust von Vitaminreserven mit Entleerung der Speicher, oft noch nicht mit einfachen Mitteln meßbar. Nimmt die Zufuhr weiter ab, so kommt es zu einem allmählichen Absinken der Vitaminausscheidung im Harn. Die Synthese und damit die Konzentration und Ausscheidung von Metaboliten nimmt ab, und man spricht in diesem Stadium von einem subklinischen Mangel. Im nächsten Stadium des manifesten klinischen Mangels findet man meßbar verringerte Aktivitäten vitaminabhängiger Enzyme oder auch Hormone mit beginnenden, noch uncharakteristischen metabolischen und morphologischen Störungen, die schließlich in die klassischen, für jedes Vitamin charakteristischen Mangelsymptome einmünden und anfangs noch reversibel sind. Bei längerem und schwererem Mangel werden die morphologischen und funktionellen Veränderungen irreversibel und führen zu schweren Störungen bis zum Tod.

Für jedes Stadium des Vitaminmangels gibt es bestimmte biochemische Marker, mit denen sich der Versorgungszustand überprüfen läßt (2).

Vitaminversorgung in Mitteleuropa

Ausgeprägte Vitaminmangelzustände sind – abgesehen von der Rachitis – in Europa selten geworden. Dagegen muß mit latentem Mangel im Grenzbereich zwischen voller Deckung des Bedarfs und Auftreten handfester Mangelsymptome wohl häufiger gerechnet werden, wenngleich solche Zustände schwer zu erfassen sind. Beispielsweise kann die Entwicklung bestimmter Ernährungsgewohnheiten gerade in den hochzivilisierten Ländern zu Engpässen in der Vitaminversorgung führen. So ist die gegenwärtige knappe Versorgung mit Thiamin bedingt durch die zunehmende Bevorzugung raffinierter Kohlenhydrate und niedrig ausgemahlener Mehlsorten. Abbildung 2 zeigt das Verhältnis von Ausmahlungsgrad zu Vitamingehalt verschiedener Mehlsorten (8). Der Ausmahlungsgrad gibt den prozentualen Anteil des Mehles am ursprünglichen Getreide an.

Helle Mehle entstehen durch vielfaches Absieben und Abschichten des Mahlgutes, wobei der besonders vitaminhaltige Keim und die ebenfalls vitaminreiche Aleuronschicht entfernt werden. Heute werden überwiegend Mehle verwendet, die zu 70–75 % ausgemahlen sind. 100 % ausgemahlenes Mehl ergibt Vollkornbrot.

Bei einer Ernährung, die dem heutigen geringen Energiebedarf angepaßt ist, erfordert die ausreichende Versorgung mit Vitaminen gewisse Grundkenntnisse über die richtige Nahrungszusammenstellung, denn der Vitaminbedarf nimmt keineswegs entsprechend dem Energiebedarf ab. Deshalb muß das Verhältnis von essentiellen Nährstoffen – wie z. B. Vitaminen – zum Energiegehalt der Lebensmittel beachtet werden. Ein Maß dafür ist die Nährstoffdichte, d. h. die Menge des essentiellen Nährstoffs pro 1 MJ. Bei Abmagerungsdiäten mit weniger als 1200 kcal (5 MJ) täglich kann eine ausreichende Vitaminversorgung nur durch zusätzliche Anwendung von Multivitaminpräparaten gesichert werden.

Die überwiegende Deckung des Energiebedarfs durch Alkohol kann ebenfalls Ursache für Vitaminmangelzustände sein. Ferner können Medikamente wie z. B. orale Kontrazeptiva, Antikonvulsiva u. a. aus unterschiedlichen Gründen zu einem gesteigerten Bedarf an verschiedenen Vitaminen führen (s. auch Kap. 4).

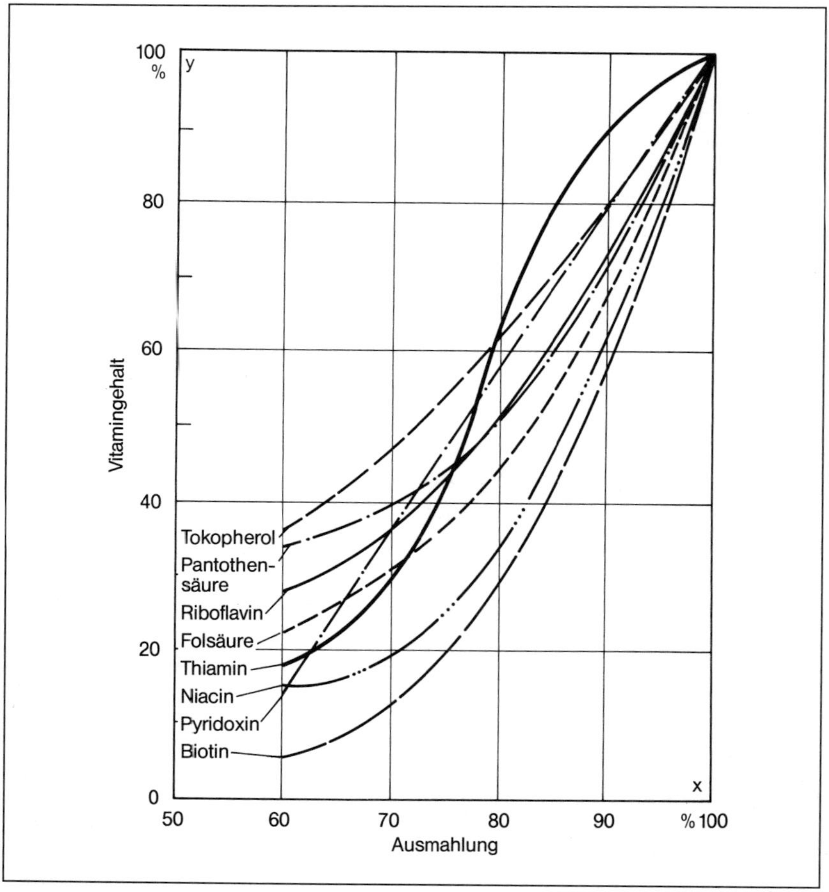

Abb. 2. Wirkung des Ausmahlungsgrades auf den Vitamingehalt einer Mehlsorte.

Literatur

1. Augustin J, Klein BP, Becker D, Venugopal PB (eds) (1985) Methods of Vitamin Assay, 4th ed. John Wiley, New York
2. Brubacher GB (1987) Abschätzung der Vitaminzufuhr mit Indikatoren bzw. biochemischen Markern. Dtsch Apotheker Zeitung, Suppl 6: 23–26
3. Brubacher G (1988) Assessment of Vitamin Status in Pregnant Women. In: Berger H (ed) Vitamins and Minerals in Pregnancy and Lactation. Raven Press, New York Nestlé Nutrition Workshop Series 16, im Druck
4. Deutsche Gesellschaft für Ernährung (1985) Empfehlungen für die Nährstoffzufuhr, 4. erweiterte Überarbeitung. Umschau Verlag, Frankfurt/Main
5. Food and Nutrition Board (1980) Recommended Dietary Allowances, 9th ed. Washington D.C.
6. Mannering G (1949) Vitamins and Hormons 7: 201
7. National Research Council (1972) Nutrient Requirements of Laboratory Animals. National Academy of Sciences, Washington D.C., pp 56–93
8. Rohrlich M (1974) Brot, Backwaren und andere Getreideerzeugnisse. In: Cremer HD, Hötzel D (Hrsg) Ernährungslehre und Diätetik, Band III, Angewandte Ernährungslehre. Thieme, Stuttgart, S 273
9. Strohhecker R, Henning HM (1966) Vitamin Assay. Verlag Chemie, Weinheim

2. Wasserlösliche Vitamine

Schon seit der Entdeckung eines wachstumsfördernden, lipidlöslichen Faktors aus Butter und Eigelb durch McCollum und Davis im Jahre 1913, der zuerst als „fat soluble A“ bezeichnet wurde, werden fettlösliche und wasserlösliche Vitamine unterschieden. Während die wasserlöslichen B-Vitamine Vorstufen von Coenzymen sind, deren Wirkungsmechanismen gut bekannt sind, läßt sich für die fettlöslichen Vitamine kein einheitlicher Wirkungsmechanismus aufzeigen. In diesem Abschnitt soll zunächst auf die wasserlöslichen Vitamine eingegangen werden.

2.1 B-Vitamine

2.1.1 Thiamin (Vitamin B_1)

Chemie und Eigenschaften

Thiamin (Vitamin B_1) enthält einen Pyrimidin- und einen Thiazolrest. Das Molekül ist bei neutraler und alkalischer Reaktion thermolabil, deswegen muß mit entsprechenden Verlusten beim Erhitzen von Lebensmitteln gerechnet werden. Unter der Wirkung von schwefliger Säure bzw. Sulfiten wird der Pyrimidinrest bereits in der Kälte abgespalten und das Vitamin dadurch inaktiviert. Ein Teil der toxischen Wirkung der Sulfite – die auch heute noch eine Rolle bei der Erzeugung und Verarbeitung von Lebensmitteln spielen – ist auf diesen Umstand zurückzuführen. Ferner gibt es eine Reihe von Pflanzenbestandteilen aus der Gruppe der Flavonoide, die Thiamin zerstören. Durch das Entstehen

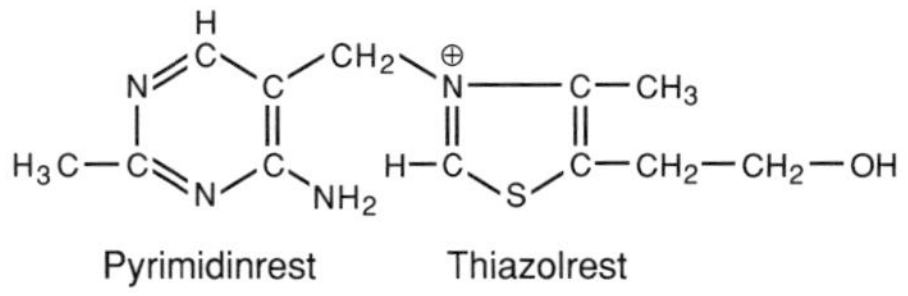

Thiamin

schwerer Thiaminmangelzustände beim Verfüttern roher Fische in einer Silberfuchsfarm wurde man darauf aufmerksam, daß viele Fische ein Enzym Thiaminase enthalten, welches Thiamin hydrolytisch zu 2-Methyl-4-amino-5-hydroxymethylpyrimidin und 4-Methyl-5-hydroxyethylthiazol aufspaltet.

Vorkommen

In tierischen Geweben findet man Thiamin überwiegend in der Form des Pyrophosphorsäureesters (Coenzym). Den höchsten Vitamingehalt hat der Herzmuskel, dann folgen Leber, Niere und Gehirn, zuletzt die Muskulatur (relativ hoher Gehalt in Schweinefleisch). In Pflanzen überwiegt das freie Thiamin. Die besten Quellen sind Brot und andere Getreideprodukte; etwa 25–40% der Thiaminaufnahme in den Ländern der westlichen Welt sind auf Zerealien zurückzuführen. Thiamin ist im Getreidekorn überwiegend im Keim und in der Aleuronschicht lokalisiert, was die Bedeutung des Ausmahlungsgrades von Mehl für die Thiaminversorgung (s. Seite 9) ebenso wie die Tatsache erklärt, daß bei überwiegender Ernährung mit poliertem Reis Thiaminmangelzustände häufig sind. Weitere Thiaminquellen mit geringerem Gehalt sind Kartoffeln, verschiedene Gemüsearten und Milch. Für die Thiaminversorgung spielt es keine Rolle, ob das Vitamin in freier oder phosphorylierter Form vorliegt, da Phosphorylierungs- und Dephosphorylierungsvorgänge bei Verdauung und Resorption sowie in praktisch allen Zellen ablaufen.

Wirkform und Wirkungsmechanismus

Die Wirkform des Thiamins ist Thiamindiphosphat (Thiaminpyrophosphat). Es entsteht aus Thiamin und ATP unter der Wirkung von Thiaminpyrophosphokinase. Thiamindiphosphat ist Coenzym der Transketolase im Pentosephosphatzyclus sowie verschiedener α-Ketosäureoxidase-Systeme: Pyruvatoxidase, α-Ketoglutaratoxidase und Oxidasesysteme für die oxidative Decarboxylierung verzweigter α-Ketosäuren, die beim Abbau der verzweigten Aminosäuren Valin, Leucin und Iso-

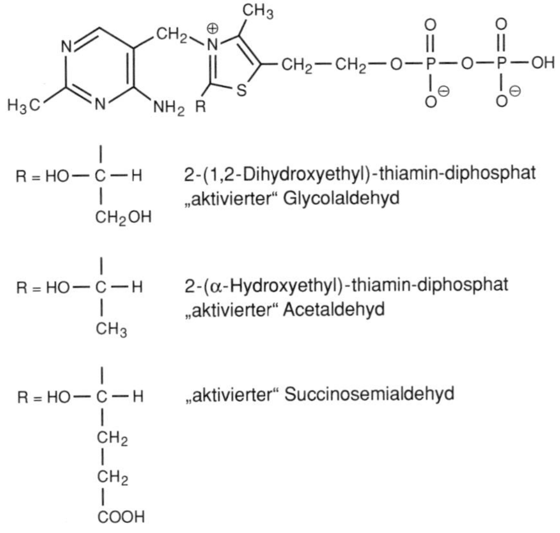

leucin entstehen. In den α-Ketosäureoxidase-Systemen wirkt Thiamindiphosphat als Überträger von Aldehydresten:
- Die Transketolase überträgt Glycolaldehyd,
- die Pyruvatoxidase Acetaldehyd und
- die α-Ketoglutaratoxidase Succinosemialdehyd.

Über die Funktion als Coenzym hinaus scheint Thiamin in Form des Thiamintriphosphat Funktionen im Nervensystem zu haben (2, 3).

Stoffwechsel

Thiamin wird beim Menschen vor allem im Jejunum, aber auch im Duodenum und Ileum resorbiert. Bei niedrigen Konzentrationen erfolgt ein aktiver Transport mit Sättigungskinetik, bei höheren Konzentrationen spielt zusätzlich die passive Diffusion eine Rolle. Im Serum liegt Thiamin vorwiegend an Proteine – insbesondere Albumin – gebunden vor. Bei Verabreichung des Vitamins in höheren Dosen wird die Bindungskapazität bald überschritten und überschüssiges Vitamin im Harn ausgeschieden. Unverändertes bzw. mit Sulfat verestertes Thiamin macht etwa 50% der Ausscheidung aus. Der Rest wird in Form zahlreicher Metabolite eliminiert, hauptsächlich als Thiaminsäure, Methylthiazolessigsäure und Pyramin.

Die biologische Halbwertszeit des Thiamins wurde je nach der zur Untersuchung verwendeten Dosis zu 9,5 bis 18,5 Tage gefunden, deshalb ist regelmäßige Zufuhr erforderlich.

Erfassung des Vitaminstatus

Als biochemischer Parameter für die Beurteilung der Thiaminversorgung eignet sich die Transketolaseaktivität der Erythrozyten bzw. deren Aktivierbarkeit durch Thiamindiphosphat. Bei Thiaminmangel sinkt die Transketolaseaktivität. Dadurch ist die Stimulierung durch Zusatz von Thiamindiphosphat größer als bei ausreichender Versorgung (1).

Nach Brin (1) gibt es beim Menschen folgende Grenzwerte für den Thiamindiphosphat-Effekt: Eine Steigerung der Transketolaseaktivität von 0–14% nach Zugabe von Thiamindiphosphat deutet auf eine zufriedenstellende Thiaminversorgung hin. Eine 15–24%-Steigerung verweist auf marginalen Thiaminmangel. Steigt die Transketolaseaktivität über 25%, liegt ein mittlerer bis schwerer Thiaminmangel vor.

Bedarf

Über die Empfehlungen der Deutschen Gesellschaft für Ernährung und des U.S. Food and Nutrition Board orientiern die Tabellen 5a und b.

Tabelle 5a. Empfehlungen für die Thiaminzufuhr (DGE 1985)

	Männer	Thiamin (mg/Tag)	Frauen
Säuglinge			
0– 2 Monate		0,3	
3– 5 Monate		0,4	
6–11 Monate		0,5	
Kinder			
1– 3 Jahre		0,6	
4– 6 Jahre		0,8	
7– 9 Jahre		1,0	
10–12 Jahre	1,2		1,1
12–14 Jahre	1,4		1,3
Jugendliche und Erwachsene			
15–18 Jahre	1,5		1,3
19–35 Jahre	1,4		1,2
über 35	1,3		1,1
Schwangere ab 4. Monat			+0,3
Stillende			+0,5

Mangelerscheinungen

Die Entdeckung des Thiamins steht im Zusammenhang mit Untersuchungen über die Beri-Beri-Krankheit, die man vor allem in asiatischen Ländern mit hohem Anteil von poliertem Reis in der Ernährung findet. Hier handelt es sich aber um eine kombinierte Vitamin-Protein-Mangelkrankheit, so daß selbst ausreichende Thiamingaben nicht alle Symptome beseitigen können.

Reiner Thiaminmangel beim Menschen führt zu Gewichtsverlust, Anorexie, Herabsetzung der Magensaftsekretion, Herzbeschwerden bei geringsten Anstrengungen, Wadenkrämpfen, schlaffen Muskellähmungen als Ausdruck von Degenerationen des zentralen und periphe-

Tabelle 5b. Empfehlungen für die Thiaminzufuhr (RDA 1980)

	Männer	Thiamin (mg/Tag)	Frauen
Säuglinge			
0 – 0,5 Jahre		0,3	
0,5 – 1 Jahr		0,5	
Kinder			
1 – 3 Jahre		0,7	
4 – 6 Jahre		0,9	
7 – 10 Jahre		1,2	
Erwachsene			
11 – 18 Jahre	1,4		1,1
19 – 22 Jahre	1,5		1,1
23 – 50 Jahre	1,4		1,0
über 50	1,2		1,0
Schwangere ab 4. Monat			+ 0,4
Stillende			+ 0,5

ren Nervensystems, sowie zu psychischer Labilität (Konzentrationsschwäche, Reizbarkeit, Depressionen). Zur Erklärung gelegentlicher Oxalurie bei Thiaminmangel siehe Diskussion der Oxalsäurebildung im Kapitel 2.1.4.

Bei der Beri-Beri-Erkrankung findet man darüber hinaus eine Hypotonie, rechtsdilatiertes Herz und zuweilen ein hydropisches Syndrom mit Ödemen und Ergüssen in serösen Höhlen. Während das hydropische Syndrom im wesentlichen eine Folge des Mangels an hochwertigem Protein darstellt, ist das neuropathische Syndrom vor allem auf den Thiaminmangel zurückzuführen. Das kardiovaskuläre Syndrom tritt offensichtlich als Folge des gleichzeitigen Mangels an beiden Nahrungsbestandteilen auf.

Aus der biochemischen Funktion des Thiamins wird verständlich, daß man bei Thiaminmangel – manchmal erst nach Glucosebelastung – erhöhte Spiegel an Pyruvat und Lactat in Blut und Geweben findet. Bedenkt man ferner, daß das Nervensystem seinen Energiebedarf überwiegend aus der Glucoseverwertung deckt, so kann man sich auch die besondere Anfälligkeit dieses Gewebes gegen Thiaminmangel erklären.

Vielfach wird behauptet, daß der Thiaminbedarf von der Höhe der

Kohlenhydratzufuhr abhängt, weil Thiamindiphosphat Coenzym wichtiger Enzyme im Kohlenhydratstoffwechsel ist (Transketolase und Pyruvatoxidase). Biochemisch ist dies jedoch nicht sehr plausibel, wenn man bedenkt, daß 1. α-Ketoglutaratoxidase, ebenfalls ein Thiamin-abhängiges Enzym, am Endabbau sowohl der Kohlenhydrate als auch der Fettsäuren beteiligt ist, und daß 2. eine Thiamindiphosphat-abhängige oxidative Decarboxylierung am Stoffwechsel aller verzweigten Aminosäuren beteiligt ist. Deshalb ist es eher sinnvoll, den Thiaminbedarf an der Gesamtenergiezufuhr auszurichten. Bei hoher Belastung mit Kohlenhydraten können latente Thiaminmangelzustände deutlicher sichtbar werden, z. B. am Anstieg von Lactat und Pyruvat.

Thiaminmangelzustände bei Alkoholikern haben komplexe Ursachen; beteiligt sind Fehlernährung, gestörte Resorption und gestörter Stoffwechsel.

Literatur

1. Brin M, Tai M, Ostashever AS, Kalinsky H (1960) The effect of thiamine deficiency on the activity of erytherouyte hemolysate transketolase. J Nutr 71: 273–281
2. Cooper JR, Pincus JH (1979) The role of thiamine in nervous tissue. Neurochem Res 4: 223–239
3. Haas RH (1988) Thiamine and the brain. Ann Rev Nutr 8: 483–515

2.1.2 Riboflavin (Vitamin B_2)

Chemie und Eigenschaften

Riboflavin (Vitamin B_2) erhielt seinen Namen aufgrund seiner gelben Farbe. Früher wurde es aus Milch isoliert, man bezeichnete es daher zuerst als Laktoflavin. Das Vitamin ist ein Ribitytderivat des Isoalloxazins; die neuere Bezeichnung deutet auf den Ribitanteil hin.

Riboflavin ist in neutraler und saurer Lösung ziemlich hitzebeständig, dagegen unbeständig in alkalischer Lösung und lichtempfindlich. Der Zusatz von Natriumbicarbonat zum Kochwasser, um Gemüsen ein frischeres Aussehen zu verleihen, beschleunigt den lichtbedingten Abbau von Riboflavin. Auch in der Sonne getrocknete Früchte erleiden wesentliche Verluste an Riboflavin. Die Wasserlöslichkeit von Riboflavin ist gering (zwischen 7 und 30 mg/100 ml), so daß für konzentriertere Lösungen zu medizinischen Zwecken Lösungsvermittler oder wasserlöslichere Derivate angewandt werden müssen.

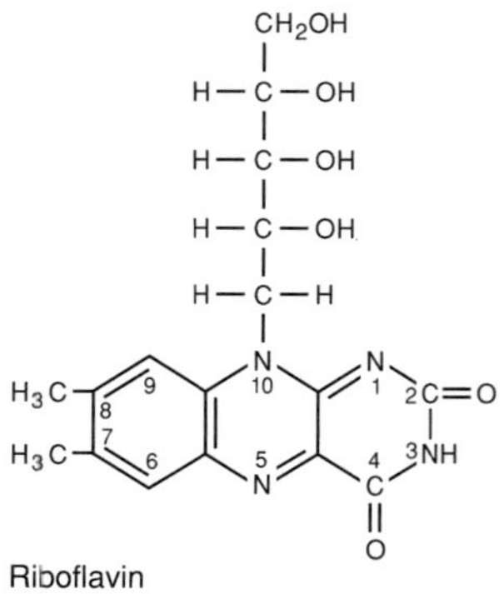

Riboflavin
7,8-Dimethyl-10-(D-1'-ribityl)-isoalloxazin

Vorkommen

Den wesentlichsten Beitrag für die Riboflavinzufuhr liefern Milch und Milchprodukte. Sehr hohe Konzentrationen findet man auch in der Leber. Weitere Quellen sind Fleisch, Blattgemüse und Getreide (Vollkornprodukte).

Wirkform und Wirkungsmechanismus

Die Wirkform des Riboflavins ist Flavinmononukleotid (FMN, Riboflavinphosphat) und Flavinadenindinukleotid (FAD). Beide sind Coenzyme bzw. prosthetische Gruppen von wasserstoffübertragenden Flavoproteinen.

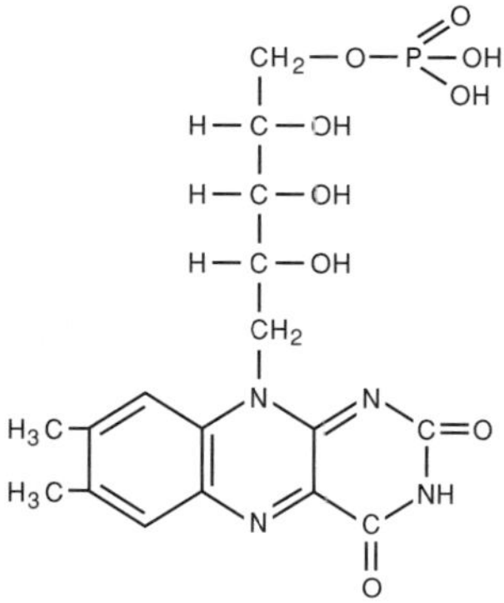

Flavinmononnkleotid (FMN)

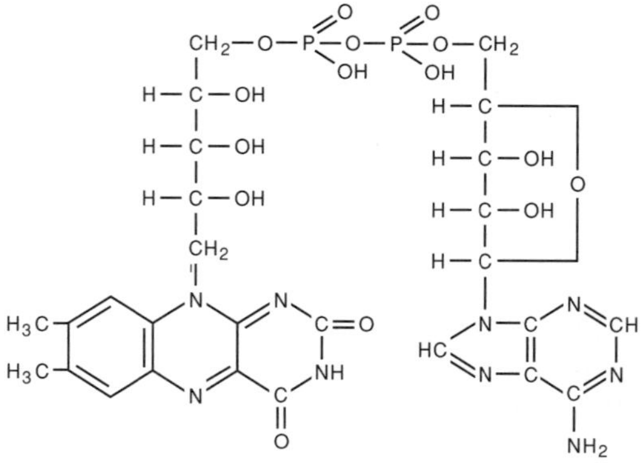

Flavin-adenin-dinukleotid (FAD)

In der Leber und anderen Geweben, aber auch während der Resorption in den Darmschleimhautzellen erfolgt die Phosphorylierung durch Riboflavinkinase:

Riboflavin + ATP → FMN + ADP

Die Umwandlung von FMN in FAD erfolgt durch FAD-Pyrophosphorylase (FMN-Adenyltransferase):

FMN + ATP → FAD + Pyrophosphat

Flavinenzyme sind Oxidoreduktasen und katalysieren eine Vielzahl von Dehydrierungsreaktionen, so z.B. die Dehydrierung und Desaminierung von D-Aminosäuren und Aminen, die Dehydrierung von α-Hydroxysäuren, Aldehyden, gesättigten Kohlenwasserstoffketten, Purinen, Chinonen, Pyridinnukleotiden und Dihydrolipoinsäure. Manche Flavinenzyme enthalten auch Metalle. Einige Beispiele für Flavinenzyme zeigt Tabelle 6.

Tabelle 6. Beispiele für Flavinenzyme im tierischen Organismus

Trivialname	System-Nr.	Coenzym	Metall
Aldehydoxidase	1.2. 3.1	FAD	Fe, Mo
Xanthinoxidase	1.2. 3.2	FAD	Fe, Mo
Acyl-CoA-Dehydrogenase	1.3.99.3	FAD	
Succinat-Dehydrogenase	1.3.99.1	FAD	Fe, S
D-Aminosäureoxidase	1.4. 3.2	FAD	
Monoaminoxidase	1.4. 3.4	FAD	Cu
Diaminoxidase	1.4. 3.6	FAD	
NADH-Cytochrom c-Reduktase	1.6. 2.1	FMN	Fe
Glutathionreduktase	1.6. 4.2	FAD	
Lipoamiddehydrogenase	1.6. 4.3	FAD	
Pyridoxamin-P-Oxidase	1.4. 3.5	FMN	

Eine Reihe von Flavinenzymen hat über Ubichinon Anschluß an die Atmungskette; andere sind autoxidabel, d.h. sie können direkt mit Sauerstoff reagieren unter Bildung von H_2O_2.

Die Festigkeit der Bindung der Flavincoenzyme an das Apoenzym ist sehr unterschiedlich. Grundsätzlich handelt es sich bei den Flavinenzymen nicht um frei dissoziable Verbindungen wie bei den NAD- oder NADP-abhängigen Dehydrogenasen. Während aber beispielsweise durch Erniedrigung des pH-Werts und hohe Ammoniumsulfatkonzentration FAD aus der D-Aminosäureoxidase leicht abgespalten und bei Änderung der Bedingungen reversibel wieder mit dem Apoenzym vereinigt werden kann, ist FAD bei den mitochondrialen Flavinenzymen wie Succinatdehydrogenase oder Monaminoxidase kovalent ans Protein gebunden und kann nur unter Zerstörung des Proteins abgespalten werden.

Es gibt verschiedene Arten der kovalenten Bindung von FAD an Enzymproteine. Bei Succinatdehydrogenase ist das Coenzym über einen Histidinrest gebunden (8α-N(3)-Histidyl-FAD), bei Monoaminoxidase über einen Cysteinrest (8α-S-Cysteinyl-FAD).

Flavincoenzyme haben im oxydierten Zustand eine gelbe Farbe und werden bei Reduktion entfärbt:

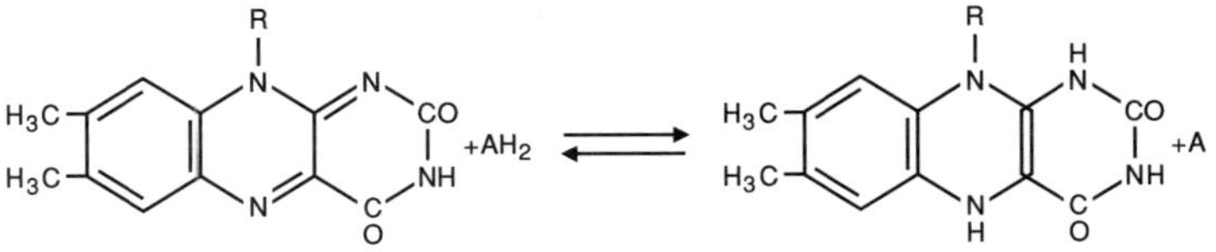

Oxidiertes Flavinenzym (gelb) Hydriertes Flavinenzym (farblos)

Stoffwechsel

Proteingebundenes FAD bzw. FMN wird während der Verdauung aus dem Proteinverbund gelöst und durch Pyrophosphatasen bzw. Phosphatasen, insbesondere in der Bürstensaummembran zu Riboflavin aufgespalten. Die Resorption von Riboflavin findet beim Menschen im proximalen Dünndarm entsprechend einer Sättigungskinetik statt. Das Maximum der Resorption wird auf etwa 25 mg/Tag geschätzt (5).

Im Plasma ist Riboflavin zum Teil an Proteine, insbesondere an Albumin gebunden. Durch Östrogene induzierte Riboflavin-bindende Proteine dienen dem Transport durch die Placenta zur Anreicherung im Fetus.

In den Zellen liegt der größte Anteil an Riboflavin (durchschnittlich 75–90 %) in gebundener Form in den Flavoproteinen vor. Überschüssig zugeführtes Riboflavin kann deshalb auch nicht gespeichert werden, wenn kein Überschuß an Apoproteinen mehr vorliegt. Umgekehrt nimmt der Riboflavinbestand des Organismus ab, wenn infolge Proteinmangels die Menge an Apoprotein absinkt.

Im Gehirn wird die Riboflavinkonzentration (über 90 % als FAD und

FMN) unabhängig von der Versorgung relativ konstant gehalten. Dafür sorgen homöostatisch wirkende Transportsysteme.

Die Ausscheidung von Riboflavin und seinen Stoffwechselprodukten erfolgt überwiegend über die Niere. Im menschlichen Harn findet man etwa 31 % 7α-Hydroxyriboflavin, 5 % 8α-Hydroxyriboflavin – beide entstehen in der Leber durch mikrosomale Hydroxylasen – 25 % unverändertes Riboflavin und weitere Metabolite, die durch bakterielle Zersetzung entstehen (7). Bei Belastung mit Riboflavin steigt der Anteil an unverändertem Riboflavin im Harn.

Zwischen Hormonen und dem Riboflavinstoffwechsel gibt es Wechselwirkungen. Schilddrüsenhormone, ACTH und Aldosteron fördern die Umwandlung von Riboflavin in FMN und FAD. Riboflavinantagonisten hemmen die Natrium-konservierende Wirkung von Aldosteron ohne seine Wirkung auf die Kaliumausscheidung zu beeinflussen (8).

Phenothiazinderivate und trizyclische Antidepressiva hemmen die Riboflavinkinase.

Erfassung des Vitaminstatus

Bei einer Zufuhr in Höhe der DGE-Empfehlungen ist im allgemeinen eine Sättigung der Gewebe gewährleistet, so daß höhere Zufuhren rasch zu einem Anstieg der Ausscheidung im Harn führen.

Die Ausscheidung von Riboflavin im Harn liegt normalerweise zwischen 0,25 und 0,80 mg/Tag. Sinkt sie unter 0,2 mg/Tag ab, so ist der Verdacht einer unzureichenden Versorgung gegeben. Riboflavinmangelzustände können verifiziert werden durch Bestimmung des Riboflavingehalts der Erythrozyten (normalerweise um 22 μg/100 g) oder, was leichter durchzuführen ist, durch Bestimmung der Glutathionreductaseaktivität in Erythrozyten und ihrer Aktivierbarkeit durch FAD (3). Die Glutathionreduktase der Erythrozyten ist ein Flavoprotein. Ist die Versorgung mit Riboflavin ausreichend, so hat der Zusatz von FAD bei der Messung der Enzymaktivität keinen wesentlichen aktivierenden Effekt. Ist das Verhältnis der gemessenen Aktivitäten mit und ohne FAD-Zusatz größer als 1,2 (= 20 % Stimulierung), so ist das ein Hinweis auf Riboflavinmangel (4).

Bedarf

Über die Empfehlungen der Deutschen Gesellschaft für Ernährung und des U.S. Food and Nutrition Board (RDA) orientieren Tabelle 7a und 7b.

Tabelle 7a. Empfehlungen für die Riboflavinzufuhr (DGE 1985)

	Männer	Riboflavin (mg/Tag)	Frauen
Säuglinge			
0– 2 Monate		0,4	
3– 5 Monate		0,5	
6–11 Monate		0,6	
Kinder			
1– 3 Jahre		0,7	
4– 6 Jahre		1,0	
7– 9 Jahre		1,3	
10–12 Jahre	1,5		1,4
13–14 Jahre	1,6		1,5
Jugendliche und Erwachsene			
15–18 Jahre	1,8		1,7
19–über 65 Jahre	1,7		1,5
Schwangere ab 4. Monat			+ 0,3
Stillende			+ 0,8

Tabelle 7b. Empfehlungen für die Riboflavinzufuhr (RDA (1980)

	Männer	Riboflavin (mg/Tag)	Frauen
Säuglinge			
0 –0,5 Jahre		0,4	
0,5–1 Jahr		0,6	
Kinder			
1– 3 Jahre		0,8	
4– 6 Jahre		1,0	
7–10 Jahre		1,4	
Erwachsene			
11–14 Jahre	1,6		1,3
15–18 Jahre	1,7		1,3
19–22 Jahre	1,7		1,3
23–50 Jahre	1,6		1,2
über 50	1,4		1,2
Schwangere ab 4. Monat			+ 0,3
Stillende			+ 0,5

Mangelerscheinungen

Die zentrale Rolle der Flavinenzyme im oxidativen Stoffwechsel macht es verständlich, daß bei Riboflavinmangel schwere Störungen an verschiedenen Geweben auftreten.

Neben einer allgemeinen Wachstumsstörung findet man insbesondere Anämie, Degeneration des Nervengewebes, Vaskularisierung der Cornea mit Fremdkörpergefühl, Katarakt, Dermatitis, Sistieren des Sexualzyklus. Bei trächtigen Laboratoriumstieren findet man im Riboflavinmangel Störungen der Embryonalentwicklung mit Mißbildungen verschiedener Art.

Die Ursache für die unter Riboflavinmangel entstehende Anämie ist noch nicht einwandfrei geklärt. Neuere Untersuchungen an Affen sprechen dafür, daß Riboflavinmangel über eine Dysfunktion der Nebennierenrinde zu einer Hypoplasie des roten Knochenmarks führt (2).

Schwere Riboflavinmangelzustände kommen unter den Lebensbedingungen der hochentwickelten Länder sehr selten vor.

Dagegen findet man häufig leichte Ariboflavinosen, die gekennzeichnet sind durch Mundwinkelrhagaden (Cheilosis), Atrophie der Zungenschleimhaut, Rötung und Schuppenbildung der Haut um Augenwinkel und Nasiolabialfalten und eine Dystrophie der Fingernägel, die glanzlos und brüchig werden. Ursache solcher Mangelzustände ist seltener eine zu geringe Zufuhr mit der Nahrung, als mangelhafte Resorption infolge verschiedener Störungen im Magen-Darm-Trakt.

Mundwinkelrhagaden sprechen oft besser auf Pyridoxin an als auf Riboflavin. Man findet die gleiche Erscheinung bei Pyridoxinmangel. Das läßt sich dadurch erklären, daß Riboflavin für die Umwandlung von Pyridoxol zu Pyridoxalphosphat erforderlich ist und Riboflavinmangel deshalb zu einem zellulären Mangel an Pyridoxalphosphat führt (1, 6).

Auch Lebererkrankungen und Alkoholismus können zu Riboflavinmangel führen, desgleichen Arzneimittel wie die oben erwähnten Phenothiazinderivate und trizyklischen Antidepressiva.

Literatur

1. Anderson BB, Saary M, Stephens AD, Perry GM, Lersundi IC, Horn JE (1976) Effect of riboflavin on red-cell metabolism of vitamin B_6. Nature 264: 574
2. Foy H, Kondi A, Verjee ZH (1972) J Nutr 102: 571
3. Glatzle D, Weber F, Wiss O (1968) Experientia 24: 1122
4. Glatzle D, Körner WF, Christeller S (1970) Int J Vitam Res 40: 166
5. Jusko WJ, Levy G (1975) In: Rivlin RS (ed) Riboflavin. Plenum Press, New York, pp 99–152

6. Lakshmi AV, Bamji MS (1976) Nutrition Metab 20: 228
7. Nutrition Reviews (1984) Metabolism of riboflavin in rat and man. Nutr Rev 42: 294–296
8. Rivlin RS (1984) Riboflavin. In: Olson RE, Broquist HP, Chichester CO, Darby WJ, Kolbye AC jr., Stalvey RM (eds) Present knowledge in nutrition. The Nutrition Foundation. Inc Washington D.C., pp 285–302

2.1.3 Niacin

Chemie und Eigenschaften

Niacin wird als generische Sammelbezeichnung für Nicotinsäure (Pyridin-3-carbonsäure) und Nicotinsäureamid verwendet, die beide die gleiche biologische Aktivität besitzen und sich im Molekulargewicht um weniger als 1 % unterscheiden (10).

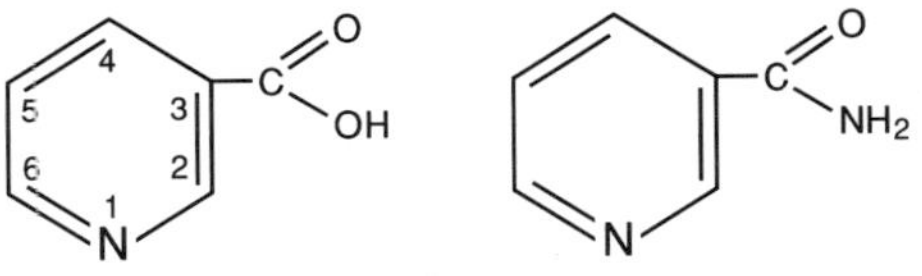

Nicotinsäure Nicotinsäureamid

Beide Verbindungen sind sehr stabil, so daß Verluste beim Kochen fast ausschließlich auf Extraktion ins Kochwasser zurückzuführen sind. Bereits 1914 postulierte Goldberger als Ursache für die Pellagra das Fehlen eines Nahrungsfaktors. Als es ihm schließlich gelang, Pellagra durch Hefe zu heilen, wurde das wirksame Prinzip bis zu seiner chemischen Identifizierung „PP-Faktor" (pellagra preventing factor) genannt.

Vorkommen

Besonders reich an Nicotinsäureamid (vor allem in Coenzymform) sind Innereien und Fleisch, insbesondere Rindfleisch. Pflanzliche Nahrungsmittel enthalten geringere Mengen. Unter den Getreidearten liegt Weizen an der Spitze, aber die in Getreide vorliegende Nicotinsäure wird schlecht ausgenutzt, da sie zum großen Teil in gebundener Form als „Niacytin" vorliegt, welches für den menschlichen Organismus unverwertbar ist.

Neuere Untersuchungen sprechen dafür, daß Niacytin im Gegensatz zur ursprünglichen Auffassung keine einheitliche Substanz ist, sondern daß es eine Reihe komplexer Makromoleküle gibt, die neben Kohlenhydraten auch Peptide enthalten und in denen Nicotinsäure ein mehr oder weniger zufälliger Bestandteil ist (8).

Untersuchungen an Ratten haben gezeigt, daß aus diesen Makromolekülen durch Hydrolyse im Gastrointestinaltrakt nicotinsäurehaltige Fragmente mit geringem Molekulargewicht entstehen, die resorbiert werden. Der Nicotinsäureanteil wird methyliert und als Trigonellin ausgeschieden, ohne vorher das Stadium der freien Nicotinsäure zu durchlaufen (7). Deshalb ist Nicotinsäure im Niacytin nicht, oder nicht vollständig für die NAD-Synthese verfügbar.

Durch Alkalien kann Nicotinsäureamid aus Niacytin freigesetzt werden. So ist es zu verstehen, daß in zentralamerikanischen Gebieten, in denen Getreide mit niedrigem Nicotinsäuregehalt über 80 % der Nahrungsmittel ausmachen, verhältnismäßig selten Mangelerscheinungen vorkommen, weil Getreide dort bei der Herstellung von Tortillas mit Calciumhydroxyd vorbehandelt wird. Größere Mengen an Nicotinsäure enthält Bohnenkaffee, weil Trigonellin – ein Bestandteil der Kaffeebohne – beim Röstprozeß zum großen Teil zu Nicotinsäure demethyliert wird.

Geröstete Kaffeebohnen können bis zu 500 mg Nicotinsäure/kg enthalten; eine Tasse aufgebrühten Kaffees enthält 1–2 mg Nicotinsäure. Deshalb können Kaffeetrinker einen beträchtlichen Anteil ihres Niacinbedarfs mit diesem Getränk decken.

Eine weitere wichtige Vorstufe für die Coenzymform von Nicotinamid ist L-Tryptophan. Aus diesem Grund ist der Vitaminbedarf auch von der Tryptophanzufuhr abhängig.

Wirkform und Wirkungsmechanismus

Die Wirkformen von Nicotinsäureamid sind die beiden Codehydrogenasen Nicotinamid-Adenin-Dinukleotid (NAD) und Nicotinamid-Adenin-Dinukleotid-Phosphat (NADP).

Im NADP ist die OH-Gruppe am 2'-C-Atom (C*) mit Phosphorsäure verestert.

Zahlreiche Dehydrogenasen arbeiten mit NAD oder NADP als Coenzym. Die oxidierten und reduzierten Pyridinnukleotide NAD und NADP bilden mit den entsprechenden Dehydrogenasen frei dissoziable Komplexe. Sie können daher Wasserstoff zwischen verschiedenen Enzymsystemen übertragen (z. B. Dismutation der Glykolyse: Bei der

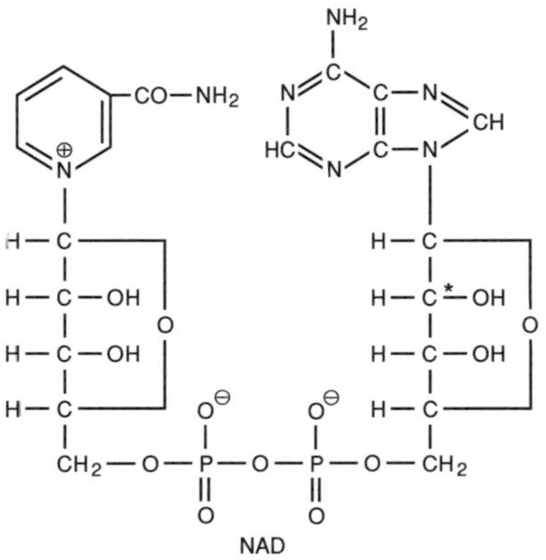

Triosephosphatdehydrierung reduziertes NAD wird durch Laktatdehydrogenase wieder reoxidiert unter Bildung von Laktat aus Pyruvat). Bücher hat deshalb für diese Art von Coenzymen die Bezeichnung „Transportmetabolite“ vorgeschlagen, die sich allerdings nicht durchgesetzt hat. Zwischen dem NAD- und dem NADP-System bestehen grundsätzliche funktionelle Unterschiede:

NAD-abhängige Dehydrogenasen findet man vorwiegend im mitochondrialen Raum; hier ist das NAD-System überwiegend oxidiert; die Hauptaufgabe ist Wasserstoffzulieferung an die Atmungskette zwecks Oxidation und Energiegewinnung. NADP-abhängige Dehydrogenasen sind überwiegend im Zytosol lokalisiert; dieses System ist stärker reduziert; seine Hauptaufgabe ist die Lieferung von Wasserstoff für reduktive Biosynthesen (Fettsäuresynthese, Cholesterinsynthese, Hydroxylierungen usw.). Die wichtigsten Lieferanten für zytoplasmatische NADPH sind die beiden Dehydrogenasen des Pentosephosphatshunts: Glucose-6-phosphat-Dehydrogenase und 6-Phosphogluconat-Dehydrogenase; ferner die NADP-abhängige Isocitratdehydrogenase

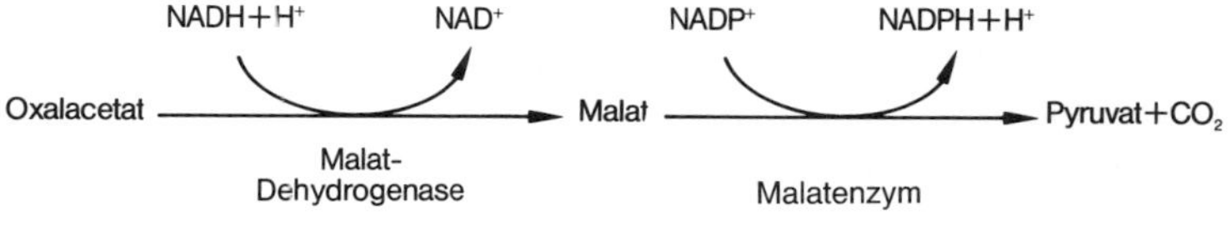

sowie eine Transhydrogenierung von NADH auf NADP durch Koppelung von Malatdehydrogenase und Malatenzym.

Der Substratwasserstoff wird in folgender Weise auf die Pyridinnukleotide übertragen:

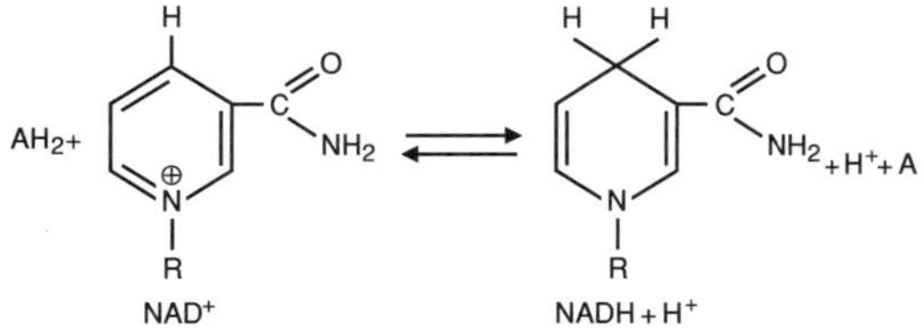

Ein Wasserstoffatom lagert sich mit einem Elektronenpaar als Hydridion an den Ring des Pyridinnukleotids an. Der andere ergibt dafür ein Proton (H^+). Daher ist das Gleichgewicht von Pyridinnukleotid-abhängigen Dehydrogenasen stark pH-abhängig, wovon man bei enzymatischen Substratbestimmungen Gebrauch machen kann.

Die Tatsache, daß reduzierte Pyridinnukleotide im Gegensatz zu den oxidierten eine starke Lichtabsorption bei 340 nm zeigen, ist die Grundlage der optischen Tests zur Bestimmung von Enzymaktivitäten und Substratkonzentrationen.

Stoffwechsel

Nicotinsäure und Nicotinsäureamid, die entweder in freier Form mit der Nahrung aufgenommen werden, oder bei der Verdauung durch Aufspaltung von NAD bzw. NADP entstehen, werden im oberen Dünndarm durch Diffusion resorbiert. Der überwiegend resorbierte Anteil ist Nicotinsäure, weil das Amid im Darm hydrolysiert wird.

Für die Biosynthese von NAD aus Niacin existieren zwei Wege. In Leber und Niere wird vor allem der von Nicotinsäure (NS) ausgehende Weg nach Preiss und Handler beschritten (Abb. 3a). Der andere Weg geht von Nicotinsäureamid (NA) aus und findet in den übrigen Organen statt (Abb. 3b). Die Biosynthese von NADP erfolgt durch Phosphorylierung von NAD mittels einer NAD-Kinase und ATP.

Neben den beiden Wegen der NAD-Synthese aus Nicotinsäure oder Nicotinsäureamid gibt es auch noch einen dritten Weg, ausgehend von Tryptophan über Chinolinsäure (Abb. 3c).

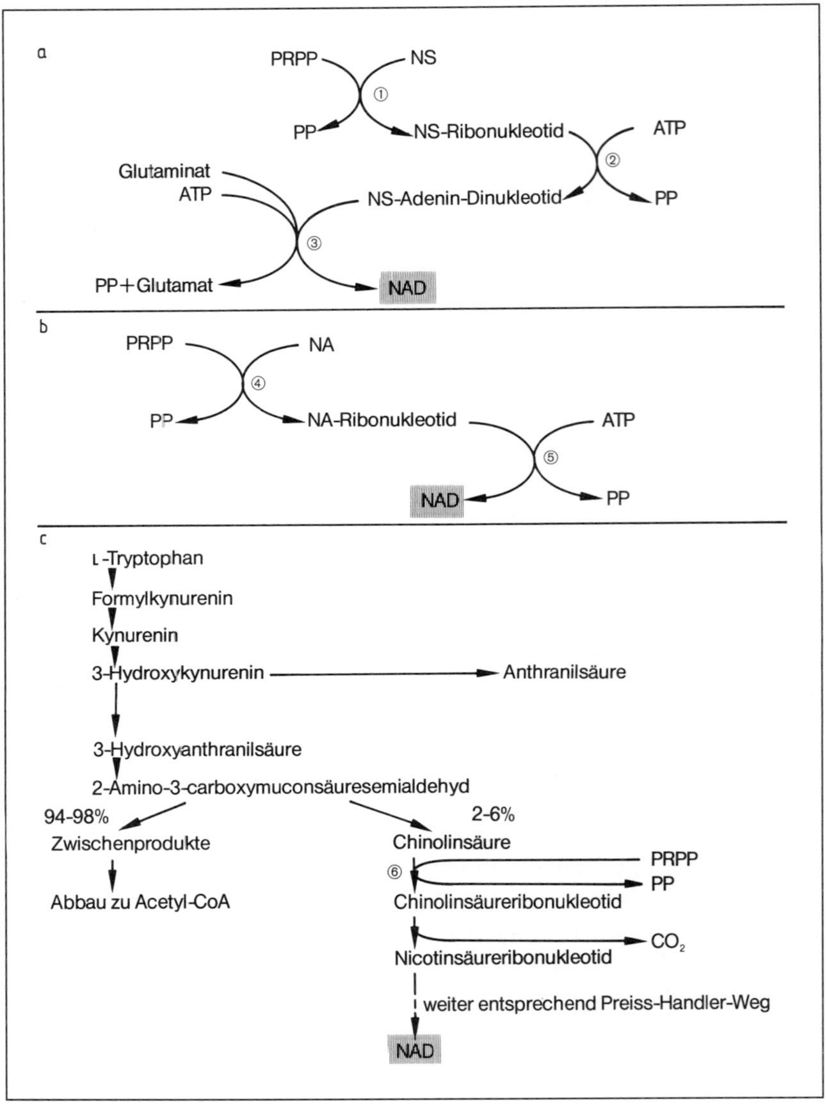

Abb. 3 Biosynthese von NAD: a) ausgehend von Nicotinsäure (Preiss-Handler-Weg); b) ausgehend von Nicotinsäureamid; c) ausgehend von Tryptophan (PRPP – Phosphoribosylpyrophosphat, PP – Pyrophosphat, 1 – Nicotinsäure-Phosphoribosyltransferase, 2 – Desamino-NAD-Pyrophosphorylase, 3 – NAD-Synthetase, 4 – Nicotinamid-Phosphoribosyltransferase, 5 – NAD-Pyrophosphorylase, 6 – Chinolinsäure-Phosphoribosyltransferase)

Beim Menschen können aus 60 mg L-Tryptophan 1 mg Nicotinsäureamid hergestellt werden (Niacinäquivalent). Dieses Verhältnis von 60:1 gilt jedoch nicht, wenn die Nahrung kein Niacin, oder so geringe Mengen an Tryptophan enthält, daß die Proteinsynthese limitiert ist. Im letzteren Fall werden Zulagen von Tryptophan zuerst für die Proteinsynthese verwendet (Normalisierung der Stickstoffbilanz), dann für die Synthese von NAD und erst bei einem Überschuß führen sie zu einer Zunahme der Ausscheidung von Niacin-Metaboliten (3).

Zur Spaltung von NAD gibt es 2 Möglichkeiten:

NAD-Pyrophosphatase spaltet die Pyrophosphatbindung unter Bildung der beiden Mononukleotide;

NAD-Glycohydrolase spaltet die N-glycosidische Bindung zwischen Nicotinamid und Ribose. Dieses Enzym wird durch Nicotinamid gehemmt.

Aus der unterschiedlichen Verteilung dieser beiden Stoffwechselwege auf verschiedene Gewebe ergibt sich ein sinnvoller Zusammenhang, welcher der gleichmäßigen Versorgung der Gewebe mit NAD dient (Abb. 4):

Chinolinsäure kann nur in Leber und Niere zur NAD-Synthese verwertet werden.

Mit Ausnahme von Leber und Niere ziehen alle Gewebe Nicotin-

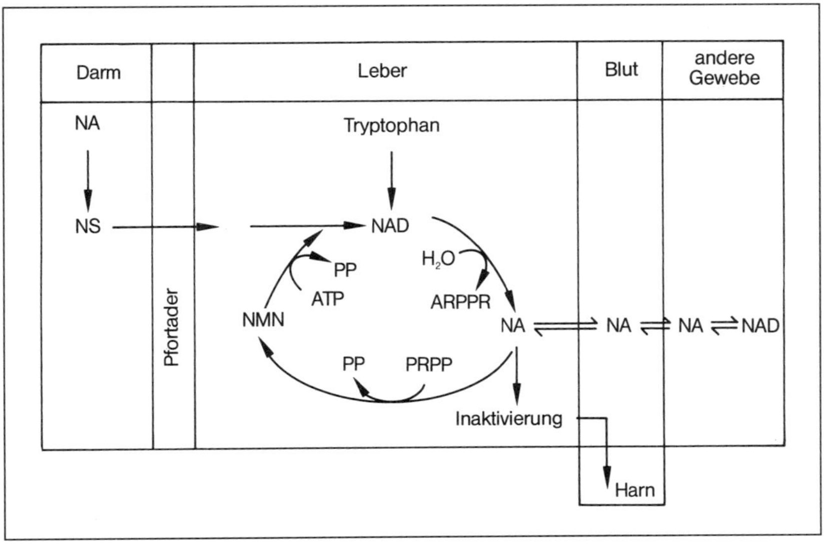

Abb. 4. Der NAD-Haushalt. (Nach 5)

säureamid der Nicotinsäure zur NAD-Synthese vor. Bei der Verdauung wird Nicotinsäureamid durch Nicotinsäureamid-Desamidase weitgehend zu Nicotinsäure aufgespalten, die der Leber als überwiegende NAD-Vorstufe mit dem Portalblut angeboten wird.

Leber und Niere sezernieren durch Wirkung der NAD-Glycohydrolase Nicotinsäureamid ins Blut zur Versorgung der anderen Organe.

Der Desamidierung von Nicotinsäureamid zu Nicotinsäure spielt in den Geweben keine Rolle, da die Michaeliskonstante der Desamidase für Nicotinsäureamid 0,1 mol/l beträgt, während die Gewebskonzentrationen an Nicotinsäureamid zwischen 10^{-5} und 10^{-4} mol/l liegen.

Mangelerscheinungen

Bei Pyridoxinmangel ist die Umwandlung von Tryptophan in NAD gestört (9). Die Anwendung oraler Kontrazeptiva scheint diesen Effekt zu verstärken (6).

Die Symptome des Mangels an Niacin betreffen vor allem Haut, Verdauungstrakt und Nervensystem.

An der Haut findet man eine Dermatitis und Pigmentierungen insbesondere an den Stellen, die dem Licht ausgesetzt sind, wie Gesicht, Nacken, Vorderarme, Handrücken. Diese Veränderungen führten zu der Bezeichnung Pellagra (= rauhe Haut).

Im Bereich des Verdauungstrakts findet man Glossitis (beim Hund Schwarzzungenkrankheit), Durchfälle und Erbrechen.

Beim Nervensystem macht sich der Niacinmangel durch Schmerzen in den Extremitäten, einen gestörten Gang, psychische Veränderungen wie Depressionen, Verwirrungszustände, Halluzinationen und Veränderungen im Elektroencephalogramm bemerkbar.

In den wohlhabenden Ländern findet man Pellagra-Symptome hauptsächlich in Verbindung mit chronischem Alkoholismus, Leberzirrhose oder chronischen Diarrhöen.

Die klassische Pellagra tritt in Ländern auf, in denen bei sonst ärmlicher Ernährung in erster Linie Mais verzehrt wird, wie bei manchen Völkern in Afrika oder bei der von Mais lebenden Population in Indien. Die Pellagra ist kein reiner Niacinmangel, sondern eine kombinierte Mangelkrankheit. Bei einseitiger Ernährung mit Mais spielt offensichtlich auch die ungünstige Aminosäurezusammensetzung eine Rolle, die wahrscheinlich zu einer schlechteren Verwertung von Tryptophan führt. Folgende Beobachtungen sprechen dafür, daß besonders das hohe Verhältnis von Leucin zu Tryptophan bei der Entwicklung der Pellagra eine Rolle spielt (4): Man findet Pellagra auch sehr verbreitet in Indien bei einer Bevölkerung, die sich vorwiegend von einer Hirseart (Sorghum vulgare) ernährt, die mit Mais einen hohen Gehalt an Leucin gemeinsam hat; bei Hunden kann man durch hohen Leucinzusatz zur Diät die Symptome einer Pellagra auslösen, die nach Absetzen von Leucin wieder verschwinden; auch beim Menschen hat die zusätzliche Verabreichung von täglich 10 g Leucin eine Einschränkung der NAD-Synthese zur Folge und verursacht die typischen EEG-Veränderungen und psychotischen Erscheinungen der Pellagra.

In diesem Zusammenhang ist es wichtig, daß man inzwischen Maissorten züchten kann, die einen geringeren Gehalt an Leucin haben.

Für den Effekt von Leucin werden verschiedene Erklärungen herangezogen (12), so z.B. Hemmung der Chinolinsäure-Phosphoribosyltransferase (Schlüsselenzym der NAD-Synthese aus Tryptophan, s. Seite 28) oder Hemmung der zellulären Aufnahme von Tryptophan (10). Andere Untersucher konnten den Effekt von Leucin an der Ratte nur andeutungsweise beobachten (2). Wahrscheinlich ist eine ganz bestimmte kritische Ernährungssituation erforderlich, damit Leucin mit der Umwandlung von Tryptophan zu NAD interferiert: limitierende Mengen an Niacin und Pyridoxin, geringe Proteinzufuhr bei hohem Anteil an Leucin und geringem Anteil an Tryptophan (12).

Niacinmangel kann aber auch über nutritive Ursachen hinaus andere Gründe haben. So kann die chronische Zufuhr von Arzneimitteln wie Isoniazid, 3-Mercaptopurin oder Dihydroxyphenylalanin (L-Dopa) zu einem Niacinmangel führen. Bei der Hartnup-Krankheit ist neben anderen Monoaminomonocarbonsäuren der intestinale und renale Transport von L-Tryptophan gestört und man findet ein Pellagra-ähnliches Bild.

Beim Karzinoid (maligne Wucherung der argentophilen Zellen der Darmschleimhaut) wird der größte Anteil an Tryptophan (bis zu 60% gegen normalerweise 1%) zur Serotoninsynthese verwendet, so daß Proteinsynthese und NAD-Synthese eingeschränkt sind. Man findet daher neben unregelmäßig auftretenden Hautrötungen („flush"), Durchfällen und Bronchospasmen (Serotonin-Effekte) auch Pellagra-ähnliche Hautveränderungen. In all den genannten Fällen sind erhöhte Niacingaben erforderlich.

Während für die NAD-Synthese aus Nicotinsäure keine Kontrolle bekannt ist, unterliegt der Nicotinsäureamid-Weg einer Regulation durch feedback-Kontrolle der Nicontinsäureamid-Phosphoribosyltransferase durch NAD, NADP und NADPH bei deren normalen intrazellulären Konzentrationen.

Als hauptsächliches Inaktivierungs- und Ausscheidungsprodukt von

Nicotinsäureamid wird im Harn N^1-Methylnicotinsäureamid gefunden. Daneben gibt es eine Reihe anderer Metabolite wie die Oxidationsprodukte N-Methyl-4-pyridon-3-carboxamid und N-Methyl-6-pyridon-3-carboxamid, sowie Nicotinursäure. Eine exakte Bilanz ist wegen der Vielzahl der Ausscheidungsprodukte schwierig. Bei Vitaminmangel sinkt die Ausscheidung an N^1-Methylnicotinsäureamid ab. Ist der Pool an Nicotinsäureamid-Coenzymen aufgefüllt, so steigt beim Menschen bei weiterer Vitaminzufuhr vor allem die Ausscheidung an N-Methyl-6-pyridon-3-carboxamid an, welches dann zum Hauptmetaboliten wird.

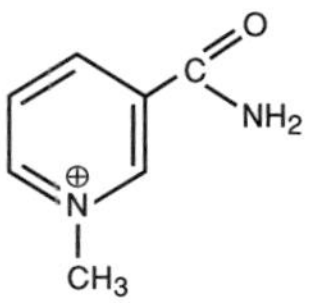

N^1-Methylnicotinsäureamid

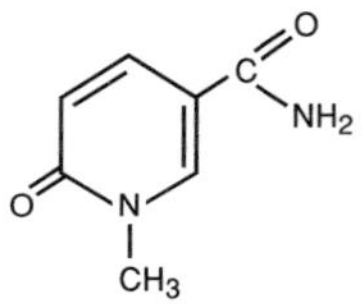

N-Methyl-6-pyridon-3-carboxamid

Erfassung des Vitaminstatus

Als Test für die Beurteilung der Vitaminversorgung eignet sich die Ausscheidung von N^1-Methylnicotinsäureamid (normal 7–10 mg/Tag), die schon bei latentem Mangel abnimmt.

Ein empfindlicherer Test ist die Messung des Verhältnisses der Ausscheidung von N-Methyl-6-pyridon-3-carboxamid/N^1-Methylnicotinsäureamid im Harn. Bei ausreichender Vitaminversorgung liegt dieses Verhältnis zwischen 1,3 und 4,0. Bei Niacinmangel stellt sich die Pyridonausscheidung mit dem Urin ein, noch bevor klinische Mangelerscheinungen feststellbar sind, während die Ausscheidung von N^1-Methylnicotinsäureamid erst dann auf ein Minimum abfällt, wenn klinische Anzeichen auftreten (13). Ein Verhältnis unter 1,0 kann als Hinweis auf einen latenten Niacinmangel angesehen werden. Die Bestimmung des Pyridons ist allerdings aufwendig und kaum für Routinebedingungen geeignet.

Für Untersuchungen über den Versorgungszustand ganzer Bevölkerungsgruppen ist ein Belastungstest entwickelt worden, bei dem in einem Zeitraum von 4–5 Stunden nach Belastung mit 50 mg Nicotinsäureamid die Ausscheidung von N^1-Methylnicotinsäureamid im Harn gemessen wird (11).

Tabelle 8a. Empfehlungen für die Niacinzufuhr (DGE 1985)

	Männer	Niacinäquivalente (mg/Tag)	Frauen
Säuglinge			
0 – 2 Monate		5	
3 – 5 Monate		7	
6 – 11 Monate		8	
Kinder			
1 – 3 Jahre		8	
4 – 6 Jahre		11	
7 – 9 Jahre		13	
10 – 12 Jahre	15		14
13 – 14 Jahre	19		17
Jugendliche und Erwachsene			
15 – 18 Jahre	20		16
über 19 Jahre	18		15
Schwangere ab 4. Monat			+ 2
Stillende			+ 5

Tabelle 8b. Empfehlungen für die Niacinzufuhr (RDA (1980)

	Männer	Niacinäquivalente (mg/Tag)	Frauen
Säuglinge			
0 – 0,5 Jahre		6	
0,5 – 1 Jahr		8	
Kinder			
1 – 3 Jahre		9	
4 – 6 Jahre		11	
7 – 10 Jahre		16	
Jugendliche und Erwachsene			
11 – 14 Jahre	18		15
15 – 18 Jahre	18		14
19 – 22 Jahre	19		14
23 – 50 Jahre	18		13
über 50 Jahre	16		13
Schwangere ab 4. Monat			+ 2
Stillende			+ 5

Bedarf

Über den Bedarf an Niacinäquivalenten orientieren die Tabellen 8a und 8b.

Die Berechnung der Niacinäquivalente erfolgt nach der Gleichung:

$$\text{Niacinäquivalente in der Nahrung (mg)} = \text{Niacingehalt (mg)} + \frac{\text{Tryptophangehalt (mg)}}{60}$$

Literatur

1. Bender DA (1983) Effects of dietary excess of leucine on the metabolism of tryptophan in the rat. A mechanism for the pellagragenic action of leucine. Br J Nutr 50: 25–32
2. Cook NE, Carpenter KJ (1987) Leucine excess and niacin status in rats. J Nutr 117: 519–526
3. Darby WJ, McNutt KW, Todhunter EN (1975) Niacin. Nutr Rev 33: 289–297
4. Gopalan C, Rao KSJ (1975) Pellagra and amino acid imbalance. Vit Horm 33: 505–528
5. Grunicke H, Keller HJ, Liersch M, Benaguid A (1974) New Aspects of the Mechanism and Regulation of Pyridine Nucleotide Metabolism. In: Weber G (ed) Advances in Enzyme Regulation 12. Verlag Oxford, New York, p 397
6. Leklem JE, Brown RR, Rose DP, Linkswiler H, Arend RA (1975) Metabolism of tryptophan and niacin in oral contraceptive users receiving controlled intakes of vitamin B_6. Am J Clin Nutr 28: 146–161
7. Mason JB, Kodicek E (1970) The metabolism of niacytin in the rat. Biochm J 120: 515–521
8. Mason JB, Gibson N, Kodicek E (1973) The chemical nature of the bound nicotinic acid of wheat bran: studies of nicotinic acid-containing macromolecules. Brit J Nutr 30: 297–311
9. Miller LT, Linkswiler H (1967) Effect of protein intake on the development of abnormal trystophan metabolism by men duning vitamin B_6 depletion. J Nutr 93: 53–59
10. Nomenclature Policy (1979) Generic, Descritpors and Trivial Names for Vitamins and Related Compounds. J Nutr 109: 8–15
11. National Research Council (1954) Methods for evaluation of nutritional adequacy and status. A Symposium. National Academy of Sciences, Washington D.C.
12. Rao BSN, Gopalan C (1984) Niacin. In: Presend Knowledge in Nutrition, 5th eds. The Nutrition Foundation Inc. Washington D.C., pp 318–331
13. Sauberlich HE, Skala JH, Dowdy RP (1974) Laboratory Tests for the Assessment of Nutritional Status. CRC Press, Cleveland/Ohio

2.1.4 Pyridoxin (Vitamin B_6)

Chemie und Eigenschaften

Unter Vitamin B_6 werden drei substituierte Pyridinderivate verstanden, die sich durch die funktionelle Gruppe am C-Atom 4 unterscheiden – Pyridoxin, Pyridoxal und Pyridoxamin – sowie deren 5'-Phosphorsäureester:

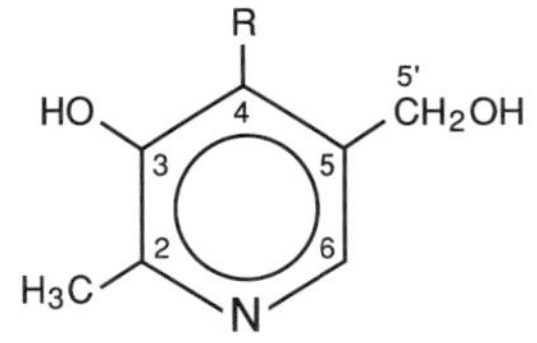

Pyridoxin (Pyridoxol)	R = CH_2OH
Pyridoxal	R = CHO
Pyridoxamin	R = CH_2NH_2

Alle sechs als Vitamin B_6 wirksamen Verbindungen können im Stoffwechsel ineinander umgewandelt werden (siehe Abb. 5). Diese Vitamine sind in saurer Lösung recht stabil, werden aber in neutraler und alkalischer Lösung durch Lichteinwirkung rasch zerstört. Gegen Hitzeeinwirkung ist Pyridoxin relativ stabil, während Pyridoxamin und vor allem Pyridoxal hitzelabil sind.

Vorkommen

Die Vitamine der B_6-Gruppe sind in Lebensmitteln weit verbreitet. Während tierische Produkte vor allem Pyridoxal und Pyridoxamin enthalten, überwiegt in Pflanzen Pyridoxin. Besonders gute Quellen sind Leber, Niere, Fleisch, Geflügel und Fisch. Unter pflanzlichen Lebensmitteln liefern Zerealien, Kartoffeln, viele Gemüsearten und Bananen einen wichtigen Beitrag. Der Vitamin-B_6-Gehalt der Milch ist relativ gering: Kuhmilch 0,23–0,6 mg/Liter (2); Muttermilch in den ersten Tagen 0,01–0,02 mg/Liter, dann allmählich ansteigend bis 0,1–0,25 mg/Liter (2, 8).

Die Bioverfügbarkeit von pflanzlichem Vitamin B_6 ist limitiert, weil es hier zum Teil in glykosylierter oder gebundener Form vorliegt. Bei Verarbeitung und Lagerung von Lebensmitteln tierischen Ursprungs

(z. B. Milch, Fleisch) kann die Bioverfügbarkeit von Vitamin B_6 durch eine Reaktion mit Cystein- oder Lysinresten der Proteine verringert werden (5).

Wirkform und Wirkungsmechanismus

Die Coenzymform von Vitamin B_6 ist Pyridoxal-5'-phosphat. Es entsteht entweder direkt durch Phosphorylierung von Pyridoxal mittels Pyridoxalkinase oder durch Phosphorylierung von Pyridoxin bzw. Pyridoxamin zu den entsprechenden Phosphorsäureestern und anschließender Oxidation durch Pyridoxamin (Pyridoxin)-5'-phosphat-Oxidase, ein Flavinenzym mit FMN (Abb. 5).

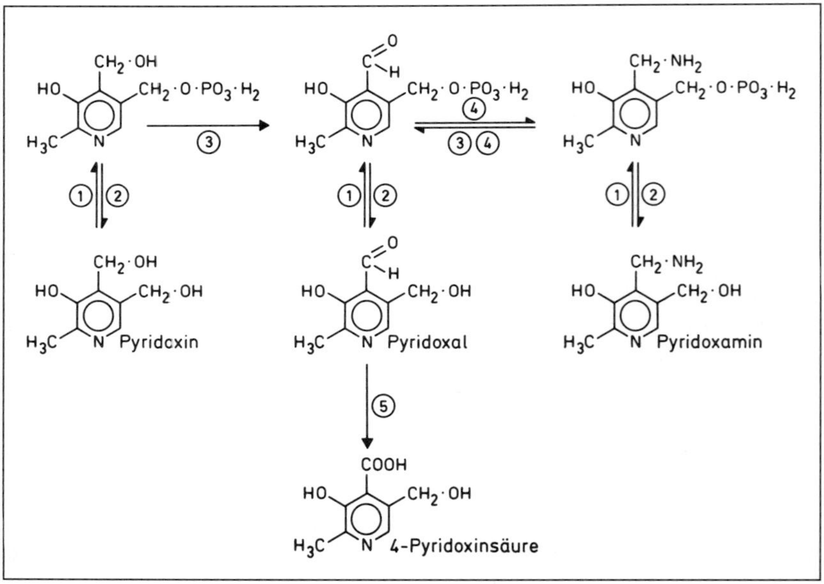

Abb. 5. Stoffwechsel der B_6Vitamine. ① – Pyridoxalkinase, ② – Alkalische Phosphatase, ③ – Pyridoxamin-5'-phosphat-Oxidase, ④ – Aminotransferasen, ⑤ – FAD-abhängige Aldehyd-Oxidase oder NAD-spezifische Aldehyd-Dehydrogenase.

Pyridoxalphosphat ist Coenzym zahlreicher Enzyme, die am Aminosäurenstoffwechsel beteiligt sind:

- Aminotransferasen (Transaminasen).

Diese Enzyme katalysieren die reversible Übertragung von Aminogruppen auf α-Ketosäuren wie z. B. von Glutamat auf Pyruvat oder Oxalacetat nach folgendem Schema:

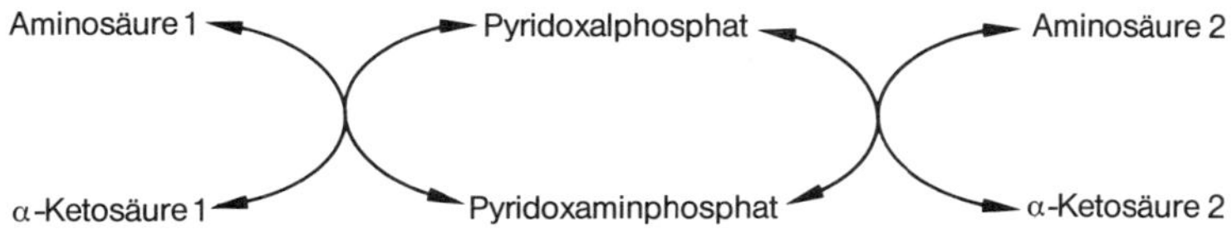

- L-Aminosäure-Decarboxylasen.

Diese Reaktion liefert biologisch aktive Amine wie Histamin, Tyramin, Tryptamin oder Neurotransmitter wie Dopamin, Serotonin, γ-Aminobuttersäure.

- Aminosäuren-spaltende Enzyme wie Serinhydroxymethyl-Transferase, Threonin-Aldolase, Kynureninase.
- Threonin-Serin-Dehydratase, Cystein-Desulfhydrase.
- Cystathioninsynthase.
- Cystathionin-γ-Lyase.
- δ-Aminolävulinsäuresynthase (Hämsynthese).
- Serin-Palmityl-Transferase (Synthese von Sphingomyelin).
- Lysyloxidase (Quervernetzung von Kollagen und Elastin).

Glykogenphosphorylase aus Skelettmuskeln enthält 1 Molekül Pyridoxalphosphat je Untereinheit. Es ist noch nicht eindeutig geklärt, ob Pyridoxalphosphat hier lediglich als Strukturelement, als Teilnehmer an katalytischen Vorgängen oder als allosterischer Effektor funktioniert. Wegen des hohen Anteils der Skelettmuskulatur an der Körpermasse ist der größte Teil des Pyridoxalphosphates an Phosphorylase gebunden.

Weiterhin tritt Pyridoxalphosphat als Modulator in Wechselwirkung mit Steroidhormonrezeptoren oder mit Hämoglobin, wobei die Affinität zu Sauerstoff ähnlich wie durch 2,3-Bisphosphoglycerat erhöht wird. Pyridoxal und Pyridoxalphosphat modifizieren auch das Sichelzellhämoglobin und hemmen dessen Polymerisierung, die zum Sicheln führen würde.

Vitamin B_6 fördert den Aminosäuretransport in die Zellen und die Aminosäureresorption. Für den Wirkungsmechanismus gab es lange Zeit keine befriedigende Erklärung. Heute besteht Grund zu der Annahme, daß diese Wirkung über die Sekretion von Wachstumshormon geht (10). Pyridoxinmangel führt bei Ratten zu einem erniedrigten Spiegel an Wachstumshormon. Den Zusammenhang kann man sich folgendermaßen vorstellen: Pyridoxalphosphat ist das Coenzym der Dopa-Decarboxylase, welche Dopa zu Dopamin umwandelt. Dopamin wiederum stimuliert die Sekretion von Wachstumshormon.

Bei den durch Pyridoxalphosphat vermittelten Reaktionen von Aminosäuren wird als Ausgangsverbindung für den weiteren Umsatz eine Schiff'sche Base zwischen der Aldehydgruppe von Pyridoxalphosphat und der Aminogruppe der Aminosäure gebildet. Die dadurch bedingte Elektronenverschiebung vom α-Kohlenstoff der Aminosäure zum elektrophilen Ringstickstoff des Pyridoxalphosphats aktiviert die Aminosäure für weitere Reaktionen, z. B. Elimination des Restes R (Serinhydroxymethyltransferase), von CO_2 (Decarboxylasen) oder von α-Wasserstoff (Transaminasen).

Die Affinität der verschiedenen Apoenzyme zu Pyridoxalphosphat ist sehr unterschiedlich. Bei normaler Versorgung mit Vitamin B_6 scheinen einige Enzyme wie Glutamat-Oxalacetat-Transaminase (Aspartat-Aminotransferase) oder Glutamat-Pyruvat-Transaminase (Alanin-Aminotransferase) stärker mit Pyridoxalphosphat gesättigt zu sein, weil der Zusatz des Coenzyms beim in vitro-Test kaum eine Stimulation bewirkt. Andere Enzyme wie die Tyrosindecarboxylase, verschiedene andere Transaminasen und Glutamatdecarboxylase dagegen können stärker stimuliert werden, sind also offensichtlich in geringerem Maße gesättigt. Umgekehrt sprechen bei Vitamin B_6-Mangel die verschiedenen Pyridoxalphosphat-abhängigen Enzyme unterschiedlich rasch an. Beispielsweise wird Kynureninase im Vitamin-B_6-Mangel früher und stärker reduziert als Kynurenin-α-Ketoglutarat-Transaminase; deshalb kommt es nach Tryptophanbelastung zu Veränderungen im Tryptophanstoffwechsel mit Anhäufung und Ausscheidung von Kynurenin, 3-Hydroxykynurenin und Xanthurensäure, die diagnostisch genutzt werden können (Abb. 6).

Ein besonders empfindlicher Parameter zum Nachweis eines Vitamin-B_6-Mangels stellt der Quotient Hydroxykynurenin/Hydroxyanthranilsäure dar.

Glutamatdecarboxylase hat eine geringe Affinität zu Pyridoxalphosphat. Das Coenzym kann leicht abgelöst werden. Möglicherweise ist darauf das frühzeitige Auftreten zentraler Symptome bei Vitamin B_6-Mangel zurückzuführen.

Stoffwechsel

Vitamin B_6 wird überwiegend im proximalen Jejunum durch passive Diffusion resorbiert. Die phosphorylierten Formen werden vor der

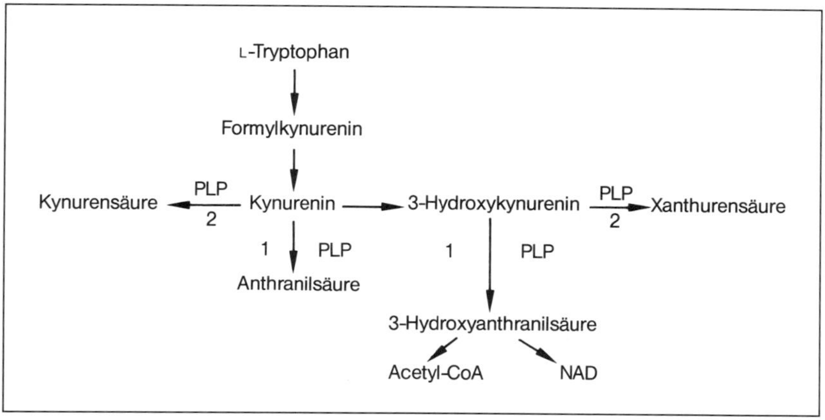

Abb. 6. Tryptophanstoffwechsel (PLP-Pyridoxalphosphat, ① – Kynureninase, ② – Kyrunenin-Ketoglutarat-Transaminase).

Resorption weitgehend hydrolysiert, können aber auch ungespalten resorbiert werden. Die Diffusion wird durch die sofortige intrazelluläre Phosphorylierung der Vitamine erleichtert. Im Blutplasma findet man Vitamin B_6 zu etwa 60 % als Pyridoxalphosphat, zu 15 % als Pyridoxin und zu 14 % als Pyridoxal. Letzteres ist die hauptsächliche Transportform. Die niedrige Konzentration an Pyridoxal spiegelt die rasche Aufnahme in die Zellen wider.

Die Oxidation von Pyridoxal durch die FAD-abhängige Aldehydoxidase oder durch die NAD-abhängige Aldehyddehydrogenase führt zum inaktiven End- und Ausscheidungsprodukt Pyridoxinsäure. In den Zellen werden die Vitamere rasch phosphoryliert und in die Coenzymform Pyridoxalphosphat umgewandelt (siehe Abb. 5 Seite 36). Die hohe Konzentration an Pyridoxalphosphat ist die Folge einer starken Bindung an Albumin, welche vermutlich die Spaltung durch Phosphatasen verzögert.

Die Angreifbarkeit von Pyridoxalphosphat durch Phosphatasen wird durch Bindung an Apoenzyme verringert. Diese Tatsache trägt zur Konstanthaltung des Pyridoxalphosphatgehalts in der Leber bei. Bei geringer Vitaminzufuhr ist die Wirkform durch Bindung an Apoenzyme geschützt. Sind bei hoher Vitaminzufuhr die Apoenzyme mit Pyridoxalphosphat gesättigt, so wird überschüssiges Pyridoxalphosphat rasch durch Phosphatasen gespalten.

Im Gegensatz zur enteralen Resorption und zur Aufnahme in die Zellen der einzelnen Organe unterliegt der Transport von Vitamin B_6 durch die Blut-Hirn-Schranke einer Sättigungskinetik (13).

Erfassung des Vitaminstatus

Zur Beurteilung des Vitamin-B_6-Status werden am häufigsten folgende Tests herangezogen (7, 9, 12):

1. *Die Messung der Pyridoxalphosphat-Konzentration im Plasma.* Dieser Parameter ist relativ unabhängig von der aktuellen Vitaminzufuhr und spiegelt eher die Versorgungslage wider. Ein Nachteil ist die Altersabhängigkeit des Pyridoxalphosphatspiegels.
2. *Die Ausscheidung von Pyridoxinsäure.* Dieser Parameter gibt eher Auskunft über die aktuelle Vitaminzufuhr als über den Vorrat.
3. *Die Ausscheidung von Xanthurensäure* nach Belastung mit 5 g L-Tryptophan (bzw. 10 g DL-Tryptophan), die normalerweise unter 30 mg in 24 Stunden liegt (zur Erklärung siehe auch Seite 38). Dieser Test ist ungeeignet bei Frauen, die Östrogene nehmen, weil diese Hormone die Tryptophan-2,3-Dioxygenase induzieren, so daß es zu einem „overflow" an Metaboliten kommt.
4. *Die Messung von Transaminaseaktivitäten in Erythrozyten* und die Bestimmung des Aktivierungskoeffizienten durch Pyridoxalphosphat. Für die Erythrozyten-Glutamat-Oxalat-Transaminase gilt ein Aktivierungskoeffizient

   $$\alpha = \mathrm{EGOT}_{\mathrm{stimuliert}} \,/\, \mathrm{EGOT}_{\mathrm{basal}}$$

   von weniger als 2 normal, für die Erythrozyten-Glutamat-Pyruvat-Transaminase ein α von kleiner als 1,25.

Bedarf

Über die Empfehlungen zur Vitamin-B_6-Zufuhr orientieren die Tabellen 9a und b. Wie oben erwähnt, kann der Bedarf erhöht sein unter Anwendung oraler Kontrazeptiva, bei chronischem Alkoholkonsum und durch Wechselwirkungen mit verschiedenen Arzneistoffen.

In gewissem Umfang hängt der Bedarf von der Höhe der Proteinzufuhr ab. Dies ist auf die Induktion der Synthese von Enzymen des Aminosäurestoffwechsels unter hoher Proteinzufuhr zurückzuführen, die dann mehr Coenzym binden (11). Man geht bei den Empfehlungen davon aus, daß 0,02 mg Vitamin B_6 pro Gramm Nahrungsprotein aufgenommen werden sollten.

Tabelle 9a. Empfehlungen für die Vitamin-B_6-Zufuhr (DGE 1985)

	Männer	Vitamin B_6 (mg/Tag)	Frauen
Säuglinge			
0– 2 Monate		0,3	
3– 5 Monate		0,4	
6–11 Monate		0,5	
Kinder			
1– 3 Jahre		0,7	
4– 6 Jahre		1,3	
7– 9 Jahre		1,4	
10–12 Jahre	1,6		1,4
13–14 Jahre	2,0		1,6
Jugendliche und Erwachsene			
15–18 Jahre	2,1		1,8
über 19 Jahre	1,8		1,6
Schwangere ab 4. Monat			+ 1,0
Stillende			+ 0,6

Tabelle 9b. Empfehlungen für die Vitamin-B_6-Zufuhr (RDA 1980)

	Männer	Vitamin B_6 (mg/Tag)	Frauen
Säuglinge			
0 –0,5 Jahre		0,3	
0,5–1 Jahr		0,6	
Kinder			
1– 3 Jahre		0,9	
4– 6 Jahre		1,3	
7–10 Jahre		1,6	
Jugendliche und Erwachsene			
11–14 Jahre	1,8		1,8
15–18 Jahre	2,0		2,0
19 bis über 50 Jahre	2,2		2,0
Schwangere ab 4. Monat			+ 0,6
Stillende			+ 0,5

Mangelerscheinungen

Die Kenntnisse der Vitamin-B_6-Mangelerscheinungen gehen vor allem auf Beobachtungen an Versuchstieren zurück. Entsprechend der zentralen Funktion von Pyridoxalphosphat im Aminosäurestoffwechsel findet man Wachstumsstörungen, Störungen der Proteinsynthese mit Muskelatrophie, Thymusatrophie, Atrophie der Keimdrüsen und Störung der Lactation. Typisch ist eine Dermatitis, die an den stammfernen Regionen wie Extremitäten, Schwanz, Nase, beginnt (Akrodynie) und meist von einem Ödem des Coriums begleitet ist. Ferner findet man eine Anämie, die nicht auf Eisen anspricht mit hohen Eisenwerten im Plasma und in den Eisenspeichern (Hemmung der Hämsynthese auf der Stufe der Pyridoxalphosphat-abhängigen δ-Aminolävulinsäuresynthase). Von seiten des Nervensystems fallen Ataxien, Paresen, Krämpfe auf, sowie eine Entmyelinisierung peripherer Nerven. An diesen Erscheinungen dürften ursächlich die gestörte Synthese von Sphingosin sowie die verringerte Bildung von Transmittersubstanzen, z. B. γ-Aminobuttersäure durch Glutamatdecarboxylase beteiligt sein (14).

Bei Alkoholikern sind häufig Erscheinungen eines Vitamin-B_6-Mangels zu beobachten. Abgesehen von Resorptionsstörungen und Leberschäden, die bei Alkoholikern ganz allgemein zu einer Verschlechterung des Vitaminstatus führen, ist dies auf die Wirkung des Acetaldehyds zurückzuführen, der die Bindung von Pyridoxalphosphat an Proteine blockiert, so daß freies Pyridoxalphosphat einer rascheren Dephosphorylierung und Oxidation zu Pyridoxinsäure unterliegt. Bei etwa 15–20 % von Frauen mit Daueranwendung von oralen Kontrazeptiva finden sich erniedrigte Spiegel an Pyridoxalphosphat im Plasma. Deshalb ist eine Prophylaxe mit Vitamin B_6 angebracht (1). Sehr häufig, aber mit unterschiedlichem Erfolg wird Vitamin B_6 zur Behandlung des prämenstruellen Syndroms eingesetzt (6). Mangel an Vitamin B_6 kann auch die Ursache des Karpaltunnel-Syndrom (3) und des „chinese restaurant syndrom" (4) sein, das eine Überempfindlichkeit gegen Glutamat, die sich durch Kopfschmerzen, Übelkeit, Hitzegefühl, Herzsensationen und Nackensteife äußert, darstellt. Beide Syndrome können durch hohe Pyridoxindosen (50–100 mg täglich 12 Wochen lang) behoben werden.

Manche Arzneimittel führen zur Inaktivierung von Vitamin B_6. So führt Isoniazid, das in der Chemotherapie der Tuberkulose eine Rolle spielt, durch Bildung eines Hydrazons zur Inaktivierung von Pyridoxal, und es kommt zum Auftreten einer Neuritis und von Krampfanfällen, die sich durch hohe Dosen an Pyridoxin verhindern lassen (1). Auch D-

Penicillamin hat eine „anti-Pyridoxin-Wirkung", so daß seine Anwendung häufig mit Pyridoxin kombiniert wird.

Eine Reihe von angeborenen Stoffwechseldefekten muß mit hohen Dosen an Pyridoxin behandelt werden, so z. B. familiäre Anfallsleiden in der frühen Kindheit („pyridoxine dependency") oder zwei Defekte bei der Umwandlung von Methionin über Homocystein in Cystein (Abb. 7): die Cystathioninurie und die Homocystinurie (siehe aber Homocystinurie als Folge von Störungen des Cobalaminstoffwechsels, S. 75/76).

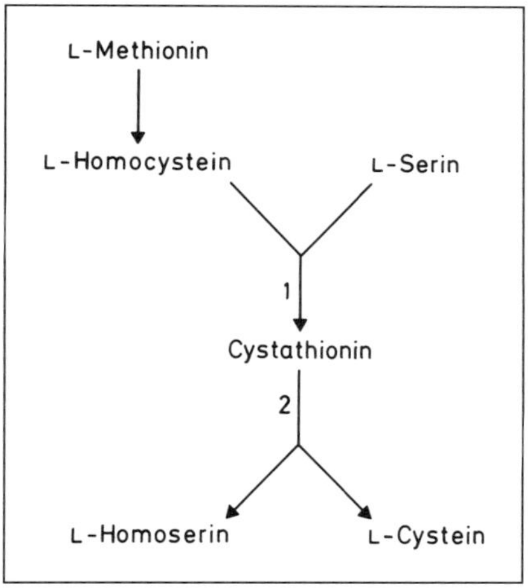

Abb. 7. Umwandlung von Methonin in Cystein. ① – Cystathionin-β-Synthase, ② – Cystathionin-γ-Lyase).

Die Cystathioninurie beruht auf einem genetischen Defekt der Cystathionin-γ-Lyase, bei dem das Apoenzym eine stark verringerte Affinität zum Coenzym hat, so daß die Wirkung durch hohe Pyridoxindosen (400 mg/Tag) gesteigert werden muß. Bei der Homocystinurie besteht ein Defekt der Cystathioninsynthase, der durch hohe Pyridoxindosen (300–1200 mg/Tag) teilweise gebessert werden kann. Diese Therapie beruht auf der Vorstellung, daß durch Sättigung des Apoenzyms mit Coenzym die Stabilität des Enzyms erhöht wird und damit eine größere Menge an aktivem Enzym vorliegt oder daß es durch höhere Konzentrationen an Pyridoxalphosphat zur Induktion der Apoenzym-Synthese kommt.

Die primäre Oxalose vom Typ I beruht auf einem genetischen Defekt der α-Ketoglutarat-Glyoxylat-Carboligase (Abb. 8). Dadurch ist der Hauptabbauweg für Glyoxylsäure blockiert und Glyoxylsäure, Glycolsäure und Oxalsäure häufen sich an. Die Therapie mit hohen Pyridoxin-

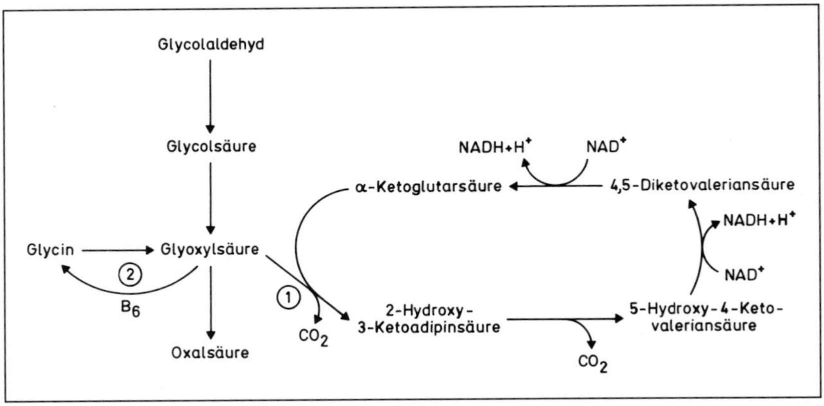

Abb. 8. Glyoxylsäureabbau (① – α-Ketoglutarat-Glyoxylat-Carboligase, ② – Glyoxylat-Transaminase).

dosen (150–1000 mg/Tag) beruht auf der Annahme, daß Pyridoxalphosphat die Synthese des Apoenzyms Glyoxylattransaminase induziert und damit einen alternativen Abbauweg von Oxalat über Glycin stimuliert.

Literatur

1. Bässler KH (1987) Megavitamin therapy with pyridoxine. Int J Vit Nutr Res 58: 105–118
2. Coursin DB (1975) Symposium on frontiers of human nutrition in relation to milk, Vitamin B_6 (pyridoxine) in milk. Q Rev Pediatr 10: 2
3. Ellis J, Folkers K, Levy M, Takemura K,Shizukuishi S, Ulrich R, Harrison P (1981) Therapy with vitamin B_6 with and without surgery for treatment of patients having the idiopathic carpal tunnel syndrome. Res Comm Chem Pathol Pharmacol 33: 331–344
4. Folkers K, Shizukuishi S, Willis R, Scudder SL, Takemura K, Longenecker JB (1984) The biochemistry of vitamin B_6 is basic to the cause of the chinese restaurant syndrome. Hoppe Seylers Z Physiol Chem 365: 405–414
5. Gregory JF, Kirck JR (1981) The biovailability of vitamin B_6 in foods. Nutr Rev 39: 1–8
6. Gunn ADG (1985) Vitamin B_6 and the premenstrual syndrome. In: Hanck A, Hornig D (eds) Int J Vit Nutr Res Suppl 27: 213–224
7. Henderson LM (1984) Vitamin B_6. In: Olson RE, Broquist HP, Chichester CO, Darby WJ, Kolby AC jr. Stalvey RM (eds) Present Knowledge in Nutrition, 5th edn.: The Nutrition Foundation Inc., Washington D.C. pp 302–317
8. Kirksey A, West KD (1978) In: Human Vitamin B_6 requirements. National Academy of Sciences, Washington D.C. p 238
9. Leinert J, Simon I, Hötzel D (1982) Int J Vit Nutr Res 52: 24

10. Nutrition Reviews (1979) Übersicht: The role of growth hormone in the action of vitamin B_6 on cellular transfer of amino acids. Nutr Rev 37: 300–301
11. Nutrition Reviews (1987) Übersicht: Dietary protein and vitamin B_6 requirements. Nutr Rev 45: 23–25
12. Sauberlich HE (1984) Ann Rev Nutr 4: 377
13. Spector R, Greenwald LL (1978) Transport and metabolism of vitamin B_6 in rabbit brain and choroid plexus. J Biol Chem 253: 2373–2379
14. Tews JK, Lowell RA (1967) J Neurochem 14: 1

2.1.5 Pantothensäure

Chemie und Eigenschaften

Pantothensäure besteht aus β-Alanin und 2,4-Dihydroxy-3,3 dimethylbutyrat.

Als Vitamin ist die rechtsdrehende D-Form der Pantothensäure wirksam. Beim Tier und Menschen kann der entsprechende Alkohol, Pantothenol, zur Säure oxydiert werden und ist deshalb auch als Vitamin wirksam.

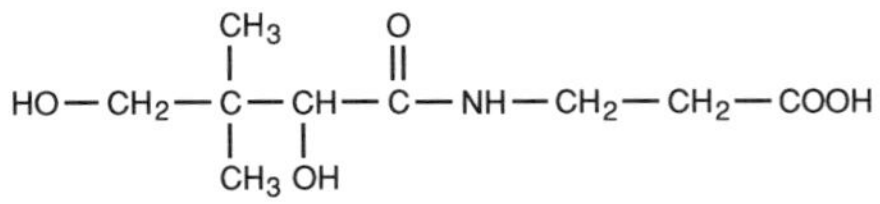

Pantothensäure ist in neutraler Lösung ziemlich beständig, wird aber in saurer oder alkalischer Lösung, vor allem unter Hitzeeinwirkung, durch Spaltung der Säureamidbindung zerstört. Viel beständiger sind Lösungen des Pantothenols.

Vorkommen

Pantothensäure ist in der Natur weit verbreitet, überwiegend in gebundener Form als Bestandteil des Coenzym A. Sie ist praktisch in allen Lebensmitteln enthalten, wenn auch meist nur in kleinen Mengen. Gute Quellen stellen Leber, Fleisch, Fisch, Eier, Milch, Zerealien und Hülsenfrüchte dar.

Wirkform und Wirkungsmechanismus

Die Wirkform der Pantothensäure ist das Coenzym A; außerdem 4'-

Phosphopantethein als prosthetische Gruppe des Acyl-Carrier-Proteins.
Coenzym A

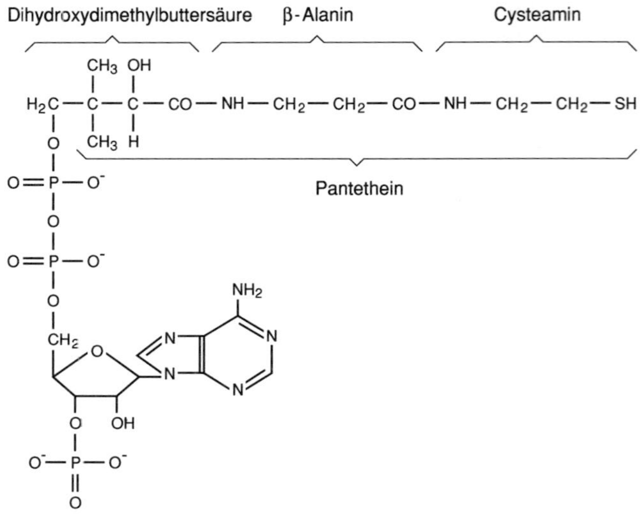

Die SH-Gruppe des Cysteaminrests ist die reaktive Gruppe des Coenzyms (deshalb Abkürzung CoA-SH), mit der es S-Acylverbindungen mit hohem Gruppenübertragungspotential – „aktivierte Verbindungen" – zu bilden vermag. Auf diese Weise können Acylreste bei einer Vielzahl von Reaktionen übertragen werden. Der Name des Coenzyms stammt daher, daß es zuerst als Coenzym der Acetylierung entdeckt wurde.

Die Acyl-Coenzym-A-Verbindungen sind an folgenden Reaktionen beteiligt:

- *Acetyl-Coenzym A:* Übertragung von Acetylresten unter Reaktion der Carboxylgruppe:
- Bildung von Estern wie Acetylcholin aus Cholin;
- Acetylierung von Aminen, Aminozuckern, Arzneimitteln u. a. (Säureamidbildung);
- unter Reaktion der Methylgruppe:
- Synthese von Citronensäure aus Oxalacetat und Acetyl-CoA;
- Synthese von β-Hydroxy-β-methylglutaryl-CoA aus Acetyl-CoA und Acetacetyl-CoA als Teilschritt der Ketogenese und der Cholesterinsynthese.

- *Höhere Acyl-CoA-Derivate:*
  - langkettige Fettsäuren zur Acylierung bei der Triglycerid- oder Phosphatidsynthese oder zur β-Oxidation;
  - Gallensäuren zur Paarung (Säureamidbindung) mit Taurin oder Glycin;
  - Benzoesäure zur Hippursäurebildung;
  - Succinyl-CoA zur Kondensation mit Glycin bei der Bildung von δ-Aminoävulinsäure (Porphyrinsynthese).

Die wichtigsten Mechanismen für die Bildung solcher aktivierter Acylderivate sind:

1. Durch Thiokinasen katalysierter Adenyltransfer und Austausch gegen Coenzym A:
   Fettsäure + ATP → Acyladenylat + PP
   Acyladenylat + CoA-SH → Acyl-S-CoA + AMP.
2. Bildung im α-Ketosäureoxidasesystem (Pyruvatoxidase: Acetyl-CoA; α-Ketoglutaratoxidase: Succinyl-CoA; Abbau verzweigter Aminosäuren) durch Übertragung des Acylrestes von Lipoinsäure auf Coenzym A.
3. Coenzym A-Transfer durch Succinyl-CoA: 3-Ketosäure-CoA-Transferase, z. B. bei der Wiedereinschleusung der Acetessigsäure in den Stoffwechsel der nicht-hepatischen Gewebe: Succinyl-CoA + Acetacetat → Succinat + Acetacetyl-CoA.
4. Die Thioklastische Spaltung der β-Ketoacyl-CoA-Verbindungen im Verlaufe der β-Oxidation der Fettsäuren.
5. Übertragung eines Acylrestes aus Acylcarnitin auf Coenzym A durch Acylcarnitin-Transferase II (Transport von Acylresten in die Mitochondrien).

Im Fettsäuresynthetase-Komplex liefert 4'-Phosphopantethein als prosthetische Gruppe des Acyl-Carrier-Proteins die zentrale SH-Gruppe für die Bindung von Malonyl-CoA.

Stoffwechsel

Das Vitamin wird hauptsächlich in der Form des Coenzyms mit der Nahrung aufgenommen. Bei der Verdauung wird es zu Pantothensäure aufgespalten, die über den gesamten Dünndarm durch passive Diffusion resorbiert wird.

Die Biosynthese des Coenzyms findet nach folgendem Schema statt:

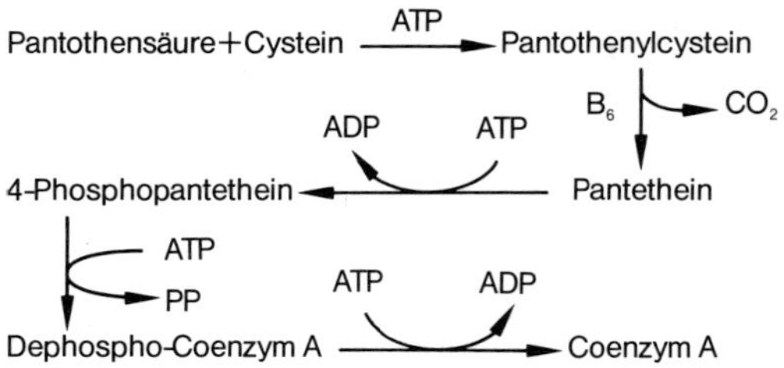

Die Ausscheidung von Pantothensäure erfolgt überwiegend im Harn. Etwa 15 % der zugeführten Pantothensäure wird als CO_2 abgeatmet oder im Kot ausgeschieden (8). Im Blut liegt Pantothensäure nicht an Proteine gebunden vor. Eine gewisse Konservierung im Blut ist dadurch gegeben, daß in der Niere neben tubulärer Sekretion eine aktive tubuläre Reabsorption besteht (5).

Erfassung des Vitaminstatus

Zur Beurteilung des Versorgungszustandes beim Menschen eignet sich am besten die Pantothensäureausscheidung im Harn. Eine Ausscheidung von weniger als 1 mg pro Tag wird als Zeichen für eine ungenügende Pantothensäurezufuhr angesehen und entspricht etwa einer Zufuhr von weniger als 4 mg pro Tag (6).

Bedarf

Für die wünschenswerte Zufuhr können nur Schätzungen zugrundegelegt werden. Extrapoliert man aus Tierversuchen, so kommt man auf Werte von 6–8 mg/Tag für Erwachsene. Für die Aufnahme mit der üblichen Ernährung ergeben sich Werte von 6–12 mg/Tag. Offensichtlich ist diese Menge ausreichend. DieRecommended Dietary Allowances richten sich nach mittleren Zufuhrmengen bei üblicher amerikanischer Ernährung. Sie ziehen in Betracht, daß in der Nahrung eines untersuchten Kollektivs von Frauen mit niedrigem Einkommen etwa 4 mg Pantothensäure pro Tag aufgenommen werden, ohne daß ein Anhalt für Mangelerscheinungen besteht (4). Die Werte für andere Altersgruppen wurden etwa proportional zur Energiezufuhr geschätzt.

Tabelle 10. Empfehlungen für die Pantothensäurezufuhr

	Pantothensäure (mg/Tag) DGE (1985)	RDA (1980)
Säuglinge		
0 – 6 Monate	4	2
7 – 12 Monate	4	3
Kinder		
1 – 3 Jahre	5	3
4 – 6 Jahre	5	3–4
7 – 10 Jahre	6	4–5
10 – 12 Jahre	6	4–7
Kinder über 12 Jahre und Erwachsene	8	4–7
Schwangere	10	–
Stillende	11	–

Mangelerscheinungen

Beim Menschen sind in unseren Breiten klinische Mangelerscheinungen wegen des weit verbreiteten Vorkommens des Vitamins unbekannt. Allerdings gibt es Bevölkerungsgruppen mit ungenügender Zufuhr und marginalem Mangel (3, 7). Bei unterernährten Bevölkerungsteilen im fernen Osten gibt es als „burning feet syndrom" Parästhesien, die auf Pantothensäuremangel zurückgeführt werden.

Durch Verabreichung des Pantothensäureantagonisten ω-Methylpantothensäure ist im Experiment bei Menschen ein Pantothensäuremangel erzeugt worden, bei dem es unter anderem zu Parästhesien, Reflexstörungen, Nebennierenrindeninsuffizienz und – biochemisch – zu herabgesetzter Fähigkeit zur Acetylierung von verabreichter p-Aminobenzoesäure kam (2). Später konnte auch durch Verabreichung einer halbsynthetischen Diät, die praktisch keine Pantothensäure enthielt, im Laufe von 10 Wochen ein Pantothensäuremangel erzielt werden (1).

Unter den in Tierversuchen beobachteten Mangelerscheinungen fallen neben der Wachstumshemmung besonders auf:
- Degeneration zentraler und peripherer Nervenbahnen mit Entmyelinisierung; Folgen davon sind Ataxien und Lähmungen.
- Fettige Degeneration von Leberzellen.

- Atrophie und Insuffizienz der Nebennierenrinde mit stark herabgesetzter Resistenz gegen Stress aller Art.
- Testesdegeneration.

Die Depigmentierung des Haar- und Federkleids ist ein komplexeres Phänomen, an dem mehrere Vitamine beteiligt sind. Es hat nichts mit dem Ergrauen des menschlichen Kopfhaars zu tun, das sich demzufolge auch durch Pantothensäure nicht beeinflussen läßt.

Literatur

1. Fry PC, Fox HM, Tao HG (1976) J Nutr Sci Vitaminol 22: 339
2. Hodges RE, Bean WB, Ohlson MA, Bleiler B (1959) J Clin Invest 38: 1421
3. Hötzel D (1982) Problematische Vitamine und gefährdete Gruppen. In: Schlierf G, Wolfram G (Hrsg) Mangelernährung in Mitteleuropa? Wissenschaftliche Verlagsgesellschaft, Stuttgart, S 85–97
4. Johnson NE, Nitzke S (1975) Home Econ Res J 3: 241
5. Karnitz LM, Gross CJ, Henderson LM (1984) Biochim Biophys Acta 769: 486
6. Olson RE (1984) Pantothenic Acid. In: Present Knowledge in Nutrition, 5th edn. The Nutrition Foundation Inc., Washington D.C. pp 377–382
7. Pietrzik K, Hötzel D (1979) Bibliotheca Nutr Dieta 28: 167: Karger, Basel
8. Pietrzik K, Hornig D (1980) Int J Vit Nutr Res 50: 283

2.1.6 Biotin

Chemie und Eigenschaften

Biotin enthält drei asymmetrische C-Atome, so daß insgesamt 8 Stereoisomere möglich sind. In der Natur kommt nur das rechtsdrehende Isomer (+)-Biotin vor, und nur dieses ist aktiv.

In biologischem Material kommt Biotin vorwiegend an Eiweiß gebunden oder als Biocytin (Säureamid mit der ε-Aminogruppe von Lysin, ε-N-Biotinyl-Lysin) vor. Auch als Coenzym ist Biotin an einen Lysinrest der Apoenzyme gebunden.

Biotin wurde 1934 von Kögl aus Eidotter isoliert. Zu dieser Zeit war bereits bekannt, daß Ratten auf einer Diät von rohem Eiereiweiß als einziger Proteinquelle eine schwere Dermatitis mit Haarausfall bekommen. Diese Symptome verschwinden nach Behandlung mit einem hitzestabilen Faktor aus Hefe oder Leber, der deshalb den Namen Vitamin H (Haut) erhielt. Später fand man, daß Vitamin H mit Biotin identisch ist.

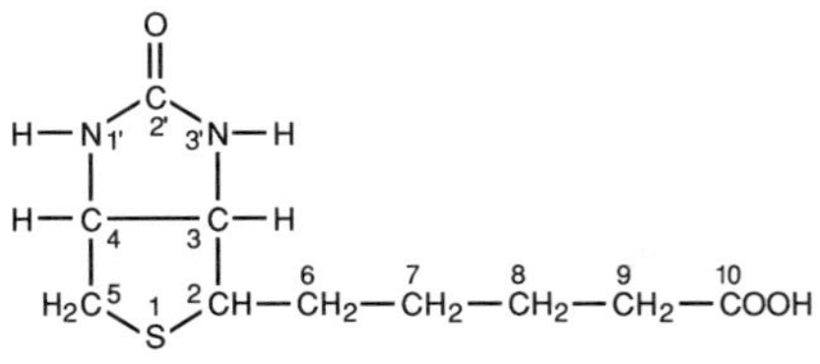

Biotin

Vorkommen

Biotin findet sich in fast allen Nahrungsmitteln, allerdings oft nur geringer Konzentration. Gute Biotinquellen für den Menschen sind Leber, Niere, Eigelb und Sojabohnen, aber auch in Nüssen, Hülsenfrüchten und Zerealien kommt das Vitamin vor. Muttermilch enthält weniger als 1 μg Biotin pro 100 ml, Kuhmilch etwa 5 mal so viel.

Die Ursache für die Entwicklung eines Biotinmangels nach Verfütterung von rohem Eiereiweiß liegt darin, daß in diesem Material Avidin vorkommt, ein basisches Protein mit einem Molgewicht von 67000, bestehend aus vier identischen Untereinheiten. Pro Mol Avidin werden 4 Mol Biotin so fest gebunden, daß sie durch die Enzyme des Verdauungstraktes nicht abgespalten werden können. Erst durch längeres Erhitzen auf 100 °C denaturiert Avidin und der Komplex zerfällt.

Wirkform und Wirkungsmechanismus

Die aktive Form von CO_2 wurde von Lynen (5) als 1'-N-Carboxybiotin identifiziert:

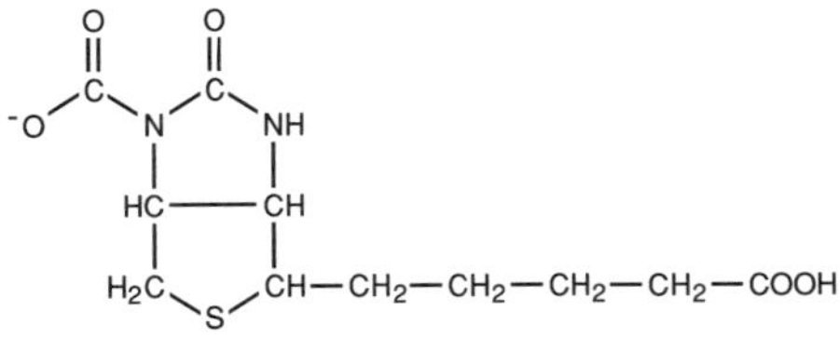

1'-N-Carboxybiotin

Die Bildung des aktiven Komplexes erfolgt unter Beteiligung von ATP aus Enzym-gebundenem Biotin und Bicarbonat:

$$ATP + HCO_3^- + \text{Biotinenzym} \xrightarrow{Mg^{++}} \text{Carboxybiotinenzym} + ADP + P$$

Carboxybiotinenzym + Acceptor → Biotin-Enzym + carboxylierter Acceptor.

Zur Bindung des Coenzyms Biotin an die ε-Aminogruppe eines spezifischen Lysinrests im Apoenzym braucht man Holocarboxylase-Synthetasen (3, 6). Ein genetischer Defekt der Holocarboxylase-Synthetase führt zur neonatalen Form des multiplen Carboxylasemangels.

Biotin wirkt als Coenzym bei vielen Carboxylierungsreaktionen. Beim Säugetier und beim Menschen gibt es jedoch nur 4 Carboxylasen, die Biotin-abhängig sind:

1. Die *Propionyl-CoA-Carboxylase* ist für die Umwandlung von Propionyl-CoA zu Methylmalonyl-CoA verantwortlich; ein Schritt auf dem Weg zu Succinyl-CoA beim Abbau des C_3-Endes ungeradzahliger Fettsäuren, sowie beim Abbau von Valin und Isoleucin.
2. Die *Acetyl-CoA-Carboxylase* ist ein Schrittmacherenzym bei der Fettsäuresynthese. Sie ist das verantwortliche Enzym für die Carboxylierung von Acetyl-CoA zu Malonyl-CoA.
3. Die *Methylcrotonyl-CoA Carboxylase* ist das verantwortliche Enzym für die Carboxylierung von Methylcrotonyl-CoA zu β-Methylglutaconyl-CoA; ein Schritt beim Leucin-Abbau.
4. Die *Pyruvatcarboxylase* ist ein Schlüsselenzym der Gluconeogenese in Leber und Niere. Sie carboxyliert Pyruvat zu Oxalacetat.

Stoffwechsel

Die meisten Nahrungsmittel enthalten Biotin in gebundener Form als Biocytin (ε-N-Biotinyllysin). Resorbiert wird nur freies Biotin im proximalen Dünndarm. Zur Abspaltung von Biotin aus Biocytin besitzt der Verdauungstrakt ein Biocytin-spaltendes Enzym, Biotinidase. Ein genetischer Defekt dieses Enzyms führt zur juvenilen Form des multiplen Carboxylasemangels (3). Beim gesunden Menschen werden etwa 50% des in der Nahrung enthaltenen Biotins resobiert. Die Ausscheidung von Biotin im Kot ist um ein vielfaches höher als die Zufuhr mit der Nahrung, was auf eine beträchtliche Synthese durch die Darmflora schließen läßt. Vermutlich trägt diese bakterielle Synthese zur Bedarfsdeckung bei, das Ausmaß läßt sich bisher allerdings nicht abschätzen.

Säugetiere können das Ringsystem des Biotins nicht abbauen, lediglich ein kleiner Teil wird in Sulfoxide umgewandelt. Der größere Teil wird durch β-Oxidation der Seitenkette zu Bisnorbiotin abgebaut. Diese Metabolite sowie unverändertes Biotin werden im Harn ausgeschieden. Die Größenordnung liegt bei 50 μg Biotin pro Tag.

Erfassung des Vitaminstatus

Die Versorgung mit Biotin spiegelt sich in der Konzentration im Blutplasma wider (1). Leider gehen die Angaben verschiedener Arbeitsgruppen wegen Anwendung unterschiedlicher Methoden sehr weit auseinander (3). Eine standardisierte Methode wäre deshalb wünschenswert. Alkoholiker haben häufig einen stark reduzierten Biotinspiegel im Plasma (2).

Bedarf

Die Deutsche Gesellschaft für Ernährung hält eine Biotinzufuhr von 12 μg/MJ (ca. 50 μg/1000 Kcal) für ausreichend.

Der Biotingehalt einer gemischten mitteleuropäischen Kost liegt zwischen 50 und 100 μg/Tag und ist offensichtlich ausreichend. Die Empfehlungen des Food and Nutrition Board beruhen auf der Überlegung, daß die untere Grenze der empfohlenen Zufuhr die Ausscheidung von 50 μg Biotin pro Tag im Harn kompensieren würde, wenn man eine 50%ige Resorptionsquote annimmt. Die Werte für Kinder sind etwa proportional der Energiezufuhr (50 μg/1000 Kcal) angesetzt.

Tabelle 11. Empfehlungen für die Biotinzufuhr (RDA 1980)

		μg Biotin/Tag
Säuglinge	0– 6 Monate	35
	7–12 Monate	50
Kinder	1– 3 Jahre	65
	4– 6 Jahre	85
	7–10 Jahre	120
Jugendliche über 11 Jahre und Erwachsene		100–200

Mangelerscheinungen

Als Symptome des Biotinmangels findet man bei Versuchstieren eine desquamative Dermatitis mit Haarausfall, progressive Paralyse und Störungen von Fortpflanzung und Laktation. Biochemisch ist eine gestörte Gluconeogenese, ein verringerter Kaliumgehalt der Muskulatur und ein herabgesetzter Ribonucleinsäuregehalt der Leber festzustellen.

Bei erwachsenen Menschen mit durchschnittlicher Ernährungsweise wurden Biotinmangelerscheinungen bisher nicht beobachtet. Lediglich als Folge einer freiwilligen oder unfreiwilligen hohen Avidinzufuhr sind Mangelerscheinungen bekannt. Bei freiwilligen Versuchspersonen, die 30% ihrer Gesamtkalorien aus rohem Hühnereiweiß bestritten, zeigten sich nach 3–4 Wochen die charakteristischen Mangelsymptome. Nach Biotin-Injektionen von 75–300 μg/Tag normalisierten sich die Befunde im Laufe von 4 Tagen. Weiterhin ist der Fall eines Knaben bekannt, der wegen einer Poliomyelitis 27 Monate lang eine Sondennahrung mit täglich 6 rohen Eiern erhielt. Die Symptome waren Dermatitis, Haarverlust und Hypercholesterinämie (8).

Da Muttermilch oft einen zu niedrigen Biotingehalt hat, der den Bedarf des Säuglings nur knapp oder nicht ausreichend deckt, werden stillenden Müttern Biotinzulagen empfohlen, die sich deutlich auf den Biotingehalt der Muttermilch auswirken (4). Biotinmangel wird auch mit dem „sudden infant death syndrome“ (plötzlicher Tod im Kindesalter) in Zusammenhang gebracht (9).

Bei Kindern unter 6 Jahren gibt es eine seborrhoische Dermatitis, die Folge eines Biotinmangels ist. Dabei sind Blutspiegel und renale Ausscheidung des Vitamins verringert. Die Symptome bessern sich prompt unter intravenösen oder intramuskulären therapeutischen Dosen in Höhe von etwa 5 mg/Tag (1).

Biotinmangelzustände bei Erwachsenen sind außerdem als Folge von parenteraler Ernährung beschrieben worden (7), was gerade in dieser Situation besonders unerwünscht ist, weil Biotinmangel zu einer Verminderung der T- und B-Zell-vermittelten Immunität führt (6).

Literatur

1. Bonjour JP (1977) Int J Vit Nutr Res 47: 107
2. Bonjour JP (1980) Int J Vit Nutr Res 50: 425
3. Friedrich W (1987) Handbuch der Vitamine. Urban u. Schwarzenberg, München–Wien–Baltimore
4. Hood RL, Johnson AR (1979) Nutr Rep Int 21: 727
5. Lynen F (1979) CRC Crit Rev Biochem 7: 103
6. McCormick DB, Olson RE (1984) Biotin. In: Olson RE, Broquist HP, Chichester CO, Darby WJ, Kolbye AC jr., Stalvey RM (eds) Present Knowledge in Nutrition. The Nutrition Foundation Inc., Washington D.C., pp 365–376
7. Nutrition Reviews (1981) Nutr Rev 39: 274
8. Scott D (1958) Acta med scand 162: 69
9. Whitehead CC (1981) Proc Nutr Soc 40: 165

2.1.7 Folsäure

Chemie und Eigenschaften

Folsäure (Pteroylglutaminsäure) enthält einen Pteridinring, p-Aminobenzoesäure und Glutaminsäure:

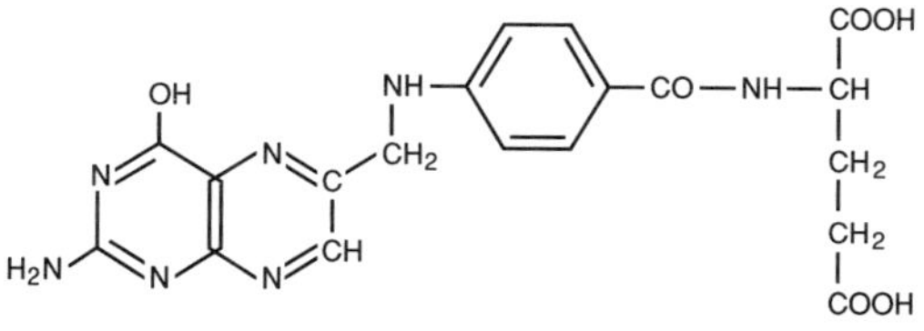

Folsäure (Pteroylglutaminsäure)

In dieser Form kommt Folsäure in der Natur nicht vor; sie ist vermutlich ein Kunstprodukt, das bei der Isolierung entsteht. Die natürlich vorkommenden Verbindungen (siehe bei Wirkform) sind Formen, die am Pyrazinring hydriert sind mit C_1-Resten an den N-Atomen 5 und/oder 10 sowie mehreren Glutaminsäureresten, die durch Peptidbindungen miteinander verknüpft sind (Folsäurekonjugate). Der Ausdruck Folsäure wird auch als Sammelbegriff für alle diese Derivate gebraucht (im Englischen auch „Folacin").

Zugeführte Pteroylglutaminsäure wird im Organismus enzymatisch in die natürlichen Derivate umgewandelt. Wegen der Vielfalt der Folsäurederivate ist die Analytik schwierig. Pteroylglutaminsäure, die in Lebensmitteln nicht vorkommt, ist relativ stabil. Die in der Natur vorkommenden reduzierten Formen werden dagegen an der Luft leicht oxidiert und zerfallen unter Spaltung der C^9-N^{10}-Brücke. Substitution an N^5 macht das Molekül stabiler gegen Oxidation durch freie Radikale. Reduzierende Substanzen wie z. B. Ascorbinsäure üben eine Schutzwirkung aus. Weiterhin sind Folsäure und ihre Derivate lichtempfindlich (UV) und hitzelabil, so daß die Zubereitungsverluste zwischen 50 und 70 % liegen können.

Vorkommen

Folsäure und ihre Derivate sind sowohl in pflanzlichem als auch in tierischem Material weitverbreitet. Ein besonders hoher Folsäuregehalt ist in der Leber zu finden. Unter pflanzlichen Lebensmitteln sind besonders gute Quellen Spinat, Tomaten, Spargel, Kohlarten, Salat und Vollkornprodukte. Insgesamt besteht eine gewisse Parallelität zwischen Protein- und Folsäuregehalt der Nahrung, so daß Proteinmangel häufig mit Folsäuremangel kombiniert ist.

Unter den vielen Folsäurederivaten überwiegen in der Nahrung, besonders nach Erhitzen, 5-Methyltetrahydrofolsäure 10-Formyltetrahydrofolsäure und ihre Konjugate. Daten über den Folsäuregehalt von Nahrungsmitteln sind schwer zu beurteilen, wenn nicht nähere Angaben über die zur Bestimmung angewandte Methode vorliegen, weil die beim mikrobiologischen Test verwendeten Mikroorganismen nicht auf allen Folsäurederivaten wachsen und sich in ihrer Spezifität unterscheiden. Möglicherweise sind auch nicht alle mikrobiologisch bestimmten Folsäure-aktiven Verbindungen beim Menschen wirksam oder verwertbar (2).

Wirkform und Wirkungsmechanismus

Die Aufgabe der Folsäure ist es, C_1-Reste im Stoffwechsel zu übertragen. Die Wirkform dabei ist die Tetrahydrofolsäure, welche unter Bildung verschiedener Coenzym-Formen C_1-Reste aufnehmen und an geeignete Akzeptoren abgeben kann. Diese Coenzymformen liegen in den Zellen als Polyglutamate vor, wobei Penta- und Hexaglutamate überwiegen. Es gibt Hinweise darauf, daß die Länge der Polyglutamylkette einen Einfluß auf die Art des übertragenen C_1-Restes hat (9).

Die Reduktion von Folsäure zu Tetrahydrofolsäure (THF) erfolgt mit NADPH über Dihydrofolsäure (DHF). Das Enzym Dihydrofolat-Reduktase katalysiert auch die Reduktion von Folsäure zu DHF, wenn auch mit geringerer Geschwindigkeit. Es hat nicht nur die Aufgabe, Folsäure aus der Nahrung in die wirksame THF zu überführen, sondern es hat darüberhinaus eine wesentliche Funktion bei der Thymidylatsynthese (s. u.).

Im folgenden werden nur Reaktionen behandelt, die im Säugetierorganismus eine Rolle spielen.

Abbildung 9 zeigt eine Übersicht über Produktion und Verbrauch von C_1-Resten.

Produktion von C_1-Resten:
Die quantitativ wichtigste Quelle für C_1-Reste ist Serin, welches bei der Serin-Hydroxymethyltransferase-Reaktion den Hydroxymethylrest auf THF überträgt unter Bildung von 5,10-Methylen-THF und Glycin.

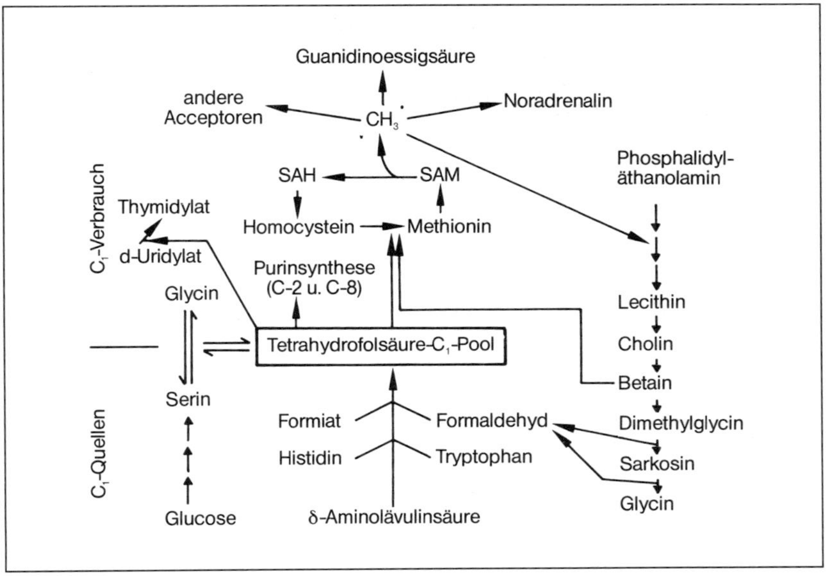

Abb. 9. Übersicht über Produktion und Verbrauch von C_1-Resten.

Serin selbst kann über Phosphoglycerat aus dem Kohlenhydratstoffwechsel geliefert werden.

Eine weitere Quelle ist Formaldehyd aus der oxidativen Demethylierung von Dimethylglycin und Sarkosin (Monomethylglycin), welche über Betain aus Cholin stammen. Diese oxidative Demethylierung betrifft etwa 2/3 der Methylgruppen, die als Cholin oder Betain in den Organismus gelangen.

Quantitativ weniger bedeutend sind C_1-Reste aus dem Histidinabbau (Formiminogruppen beim Übergang von Formiminoglutamat zu Glutamat), aus dem Tryptophanstoffwechsel (Formylkynurenin), aus der Spaltung von δ-Aminolävulinsäure, aus Glyoxylat und anderen Formaldehyd oder Formiat liefernden Reaktionen. Freie Ameisensäure wird durch 10-Formyl-THF-Synthetase eingebaut:

$$HCOOH + THF + ATP \rightarrow 10\text{-Formyl-THF} + ADP + P$$

Zum Einbau von Formaldehyd ist kein ATP erforderlich:

$$HCHO + THF \rightarrow 5{,}10\text{-Methylen-THF}$$

Verbrauch von C_1-Resten:

C_1-Reste werden benötigt für die Synthese des Purinrings (C-2 und C-8), für die Methylierung von d-Uridylat zu Thymidylat bei der DNS-

Synthese und für die Methylierung von Homocystein zu Methionin, welches nach Aktivierung zu S-Adenosylmethionin seinerseits als Methyldonator für zahlreiche Methylierungsreaktionen fungiert, z. B.
- Noradrenalin zu Adrenalin,
- Guanidinoessigsäure zu Kreatin,
- Kephalin zu Lecithin,
- Monomethyl- und Dimethyläthanolamin zu Cholin,
- Karnosin zu Anserin,
- Katecholamine zu O-Methylderivaten,
- Nicotinamid, Pyridin und andere Amine bzw. Amide zu N-Methylderivaten.

Methylierungsreaktionen:
Die Methylierung von d-Uridylat ist nur mit 5,10-Methylen-THF möglich.

Homocystein kann durch 5-Methyl-THF methyliert werden.

Das Enzymsystem benötigt Cobalamin-Coenzym und SAM in katalytischen Mengen.

Homocystein kann aber auch durch Transmethylierung von Betain in Methionin übergehen:

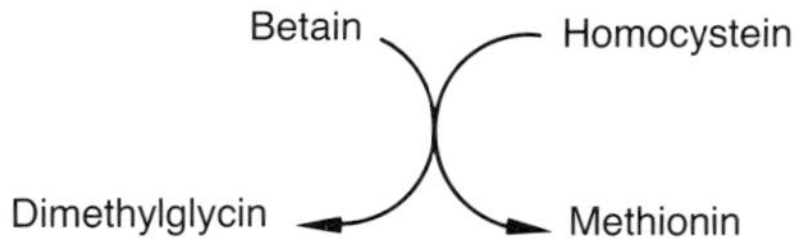

Alle anderen Methylierungen verlaufen mit S-Adenosylmethionin als Methyldonator.

Der Transfer von C_1-Resten durch THF kann auf verschiedenem Oxidationsniveau (Formiat, Formaldehyd, Methanol) erfolgen. Die verschiedenen THF-Derivate sind in Tabelle 12 zusammengestellt:

Der „citrovorum factor“ 5-Formyl-THF ist selbst nicht an Transferreaktionen im Säugetierorganismus beteiligt, kann aber enzymatisch in aktive Verbindungen umgewandelt werden:

$$\text{5-Formyl-THF} + \text{ATP} \xrightarrow{Mg^{++}} \text{5,10-Methenyl-THF} + \text{ADP} + \text{P}$$

Tabelle 12. Übersicht über Tetrahydrofolsäure-C_1-Verbindungen

Oxidationsstufe	Tetrahydrofolsäure-(THF)-Derivat	Reaktionen
Formiat	10-Formyl-THF	Liefert C-Atom 2 und 8 des Purinrings. Entsteht aus Formiat, ATP und THF.
	5,10-Methenyl-THF	Entsteht aus 5-Formimino-THF. Liefert 10-Formyl-THF oder 5,10-Methylen-THF.
	5-Formimino-THF	Entsteht beim Histidinabbau. Liefert 5,10-Methenyl-THF.
Formaldehyd	5,10-Methylen-THF	Methyliert d-Uridylat zu Thymidylat unter Oxidation von THF zu DHF. Entsteht bei der Umwandlung von Serin zu Glycin, sowie nicht-enzymatisch aus Formaldehyd und THF.
Methanol	5-Methyl-THF	Methyliert Homocysein zu Methionin. Entsteht durch praktisch irreversible Reduktion von 5,10-Methylen-THF.

Das katalysierende Enzym bei dieser Reaktion ist die 5,10-Methenyltetrahydrofolat-Synthetase.

Wegen ihrer besonders guten Stabilität wird 5-Formyl-THF auch kommerziell hergestellt.

Formeln der THF-Derivate:

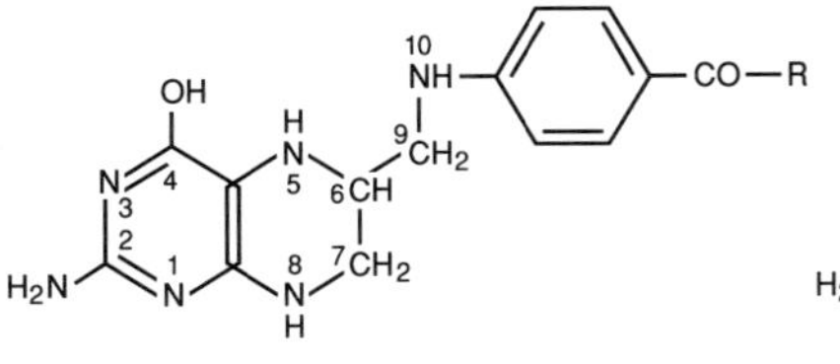

5,6,7,8-Tetrahydrofolsäure (THF)

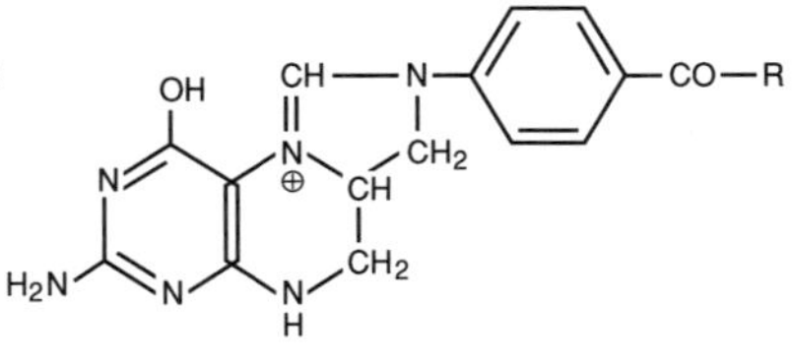

5,10-Methenyl-THF

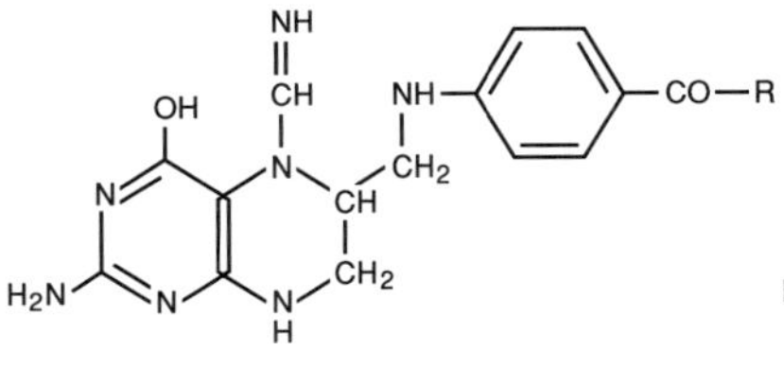

5-Formimino-THF

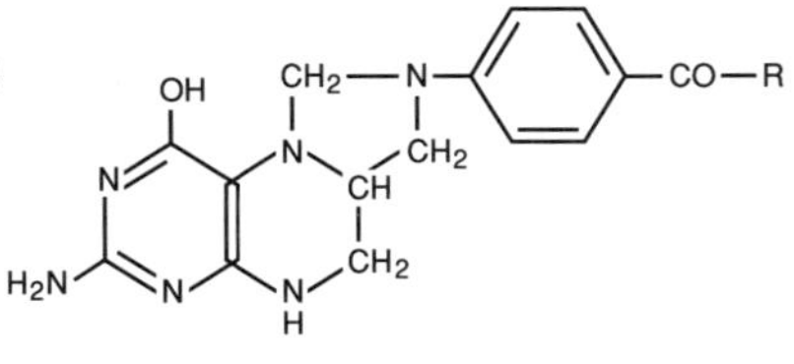

5,10-Methylen-THF

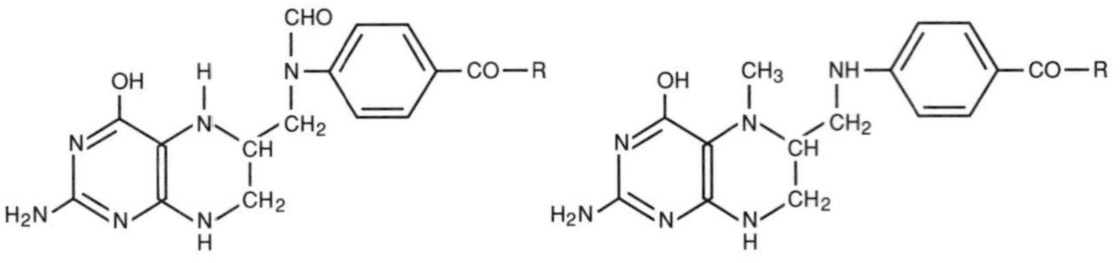

10-Formyl-THF 5-Methyl-THF

Wie alle gruppenübertragenden Coenzyme wird auch THF in einem zyklischen Prozeß mit Gruppen beladen und durch Übertragung dieser Gruppen auf Akzeptoren wieder regeneriert. Dieser Vorgang ist nur deswegen komplizierter als bei anderen Coenzymen, weil die C_1-Reste auf verschiedenen Oxidationsstufen übertragen werden. Die Zusammenhänge zwischen Donator- und Akzeptorreaktionen, sowie die Umwandlungen der aktiven Folsäurederivate untereinander zeigt Abb. 10.

Im linken oberen Quadranten sind die wichtigsten Reaktionen zur Beladung von THF mit C_1-Resten eingezeichnet. Die aktiven Folsäurederivate sind unterstrichen. Die quantitativ wichtigste Quelle für C_1-Reste ist Serin, welches bei der Serin-Hydroxymethyltransferase-Reaktion (B_6-abhängig!) den Hydroxymethylrest auf THF überträgt unter Bildung von 5,10-Methylen-THF und Glycin. Serin selbst kann aus dem Glucosestoffwechsel über Phosphoglycerat und Phosphohydroxypyruvat geliefert werden.

Eine weitere Quelle für C_1-Reste ist der Histidinabbau, der beim Übergang von Formiminoglutamat zu Glutamat die Formiminogruppe zur Bildung von 5,10-Methenyl-THF liefert. Formiat kann unter Beteiligung von ATP direkt mit THF unter Bildung von 10-Formyl-THF reagieren. Weitere, in dieser Abbildung nicht eingezeichnete Quellen finden sich im Schema der Abb. 9.

Die an THF gebundenen C_1-Reste werden für folgende Synthesereaktionen verwendet (unterer Abschnitt von Abb. 10):

- Regeneration von Methionin aus Homocystein. Diese Reaktion benötigt Cobalamin-Coenzym als Cofaktor. Methionin ist nach Umwandlung in S-Adenosylmethionin (SAM) Methyldonator für die weiter oben geschilderten Methylierungsreaktionen und geht dabei wieder in Homocystein über.
- Methylierung von d-UMP zu Thymidylat bei der DNS-Synthese. Bei dieser für die Zellvermehrung wichtigen Reaktion wird THF zu DHF

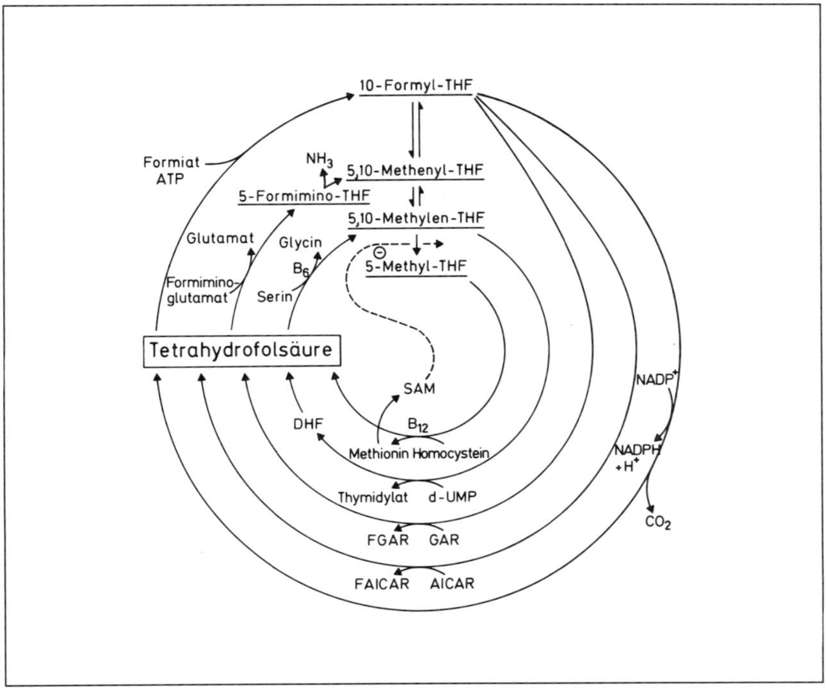

Abb. 10. Metabolische Funktionen der Tetrahydrofolsäure-Derivate

oxidiert, welches durch Dihydrofolatreduktase wieder zu THF reduziert werden muß, wenn die DNS-Synthese weiterlaufen soll. Dieses Enzym wird durch Folsäureantagonisten wie Aminopterin, Methotrexate u.a. gehemmt (3). Darauf beruht deren Einsatz als Zytostatika.

- Formylierung von Glycinamiddribotid (GAR) zu Formylglycinamiddribotid (FGAR). Diese Reaktion liefert das C-Atom 8 des Purinrings.
- Formylierung von 4-Amino-5-imidazolcarboxamiddribotid (AICAR) zu Formylamino-5-imidazolcarboxamid-ribotid (FAICAR). Diese Reaktion liefert das C-Atom 2 des Purinrings.
- Ein wichtiges Regulativ bildet die Oxidation des Formylrests von 10-Formyl-THF zu CO_2 durch die Formyl-THF-Dehydrogenase.

Diese Reaktion ermöglicht wie ein „Sicherheitsventil“ die Regeneration von THF (welches als Akzeptor für C_1-liefernde Abbauprozesse benötigt wird) auch dann, wenn kein anderweitiger Verbrauch von C_1-THF-Derivaten in größerem Umfang stattfindet (7). Dieser Zustand wird signalisiert durch einen hohen intrazellulären Spiegel an Methionin, als dessen Folge SAM ansteigt und die Umwandlung von 5,10-Methylen-THF in 5-Methyl-THF gehemmt wird. Durch Rückstau steigt nun auch 10-Formyl-THF an. Da dessen intrazelluläre Konzentration unter der Michaeliskonstante für Formyl-THF-Dehydrogenase liegt, wird durch diesen Anstieg die Oxidation des Formylrests zu CO_2 und damit die Regeneration von THF aktiviert. Da die Methioninkonzentration über SAM die Umwandlung von 5,10-Methylen-THF zu 5-Formyl-THF reguliert, kontrolliert Methionin nicht nur die Verfügbarkeit an THF sondern auch seine eigene intrazelluläre Konzentration (4).

Die Vitamin-B_{12}-abhängige Methylierung von Homocystein zu Methionin durch 5-Methyl-THF bedarf noch einer besonderen Erwähnung. Diese Reaktion ist die Grundlage für die „Methyl-trap-Hypothese" (6) zur Erklärung der Tatsache, daß B_{12}-Mangel in vielen Aspekten die gleichen Erscheinungen bietet, wie Folsäuremangel. Die Umwandlung der verschiedenen C_1-THF-Derivate in 5-Methyl-THF ist so gut wie irreversibel. THF kann aus dieser Verbindung nur durch Methylierung von Homocystein regeneriert werden. Fehlt Cobalamin, so ist diese Reaktion nicht möglich. Wegen des damit verbundenen niedrigen Methioninspiegels wird darüber hinaus die irreversible Bildung von 5-Methyl-THF nicht gedrosselt und das „Sicherheitsventil" Formyl-THF-Dehydrogenase tritt nicht in Kraft. Diese Umstände führen dazu, daß sich unter Vitamin-B_{12}-Mangel die Folsäurederivate wie in einer Sackgasse als 5-Methyl-THF ansammeln und ein Mangel an freier THF entsteht.

Bezüglich der Enzyme, die an den in Abb. 10 dargestellten Reaktionen teilnehmen, muß auf ausführlichere Darstellungen verwiesen werden (1, 5).

Stoffwechsel

Bei der Verdauung erfolgt die Aufspaltung der Folsäurekonjugate der Nahrung durch Konjugasen (γ-Glutamylcarboxypeptidasen). Die Monoglutamate der verschiedenen Folsäurederivate werden offenbar durch einen einheitlichen aktiven Carrier-Mechanismus im Duodenum und Jejunum rasch und effizient resorbiert. Die Leber ist das Hauptspeicherorgan für Folsäure; sie enthält mindestens 7,5 mg Folsäureverbindungen, was etwa die Hälfte der Gesamtkörpermenge ausmacht

(4). Es gibt einen effizienten enterohepatischen Kreislauf von Folsäure.

Im Blut wird Folsäure frei oder locker gebunden transportiert, überwiegend als 5-Methyl-THF in der Monoglutamatform, während intrazellulär die nichtpermeablen Konjugate vorliegen (10, 13).

Stoffwechsel- und Ausscheidungsprodukte der Folsäure sind vorwiegend 4-Acetamidobenzoat und 4-Acetamidobenzoyl-L-Glutamat (5).

Erfassung des Vitaminstatus

Zur Ermittlung des Folsäurestatus gehören Ernährungsanamnese, medizinische Anamnese, körperliche Untersuchung und Laboruntersuchungen. Bei der Auswertung der Ernährungsanamnese führt striktes Vermeiden von Blattgemüsen und Innereien zu dem Verdacht unzureichender Folsäurezufuhr. Im Labor zu bestimmende Kenngrößen sind der Folsäurespiegel im Serum, wobei leider die Referenzwerte verschiedener Untersucher methodenabhängig recht unterschiedlich sind, und der Folsäuregehalt der Erythrozyten. Serumfolsäure spricht bereits nach 3 Wochen auf einen Mangel an, während die Erythrozytenfolsäurekonzentration mit dem Leberspeicher korreliert und erst nach einigen Monaten eines Mangels absinkt (13).

Eine weitere Möglichkeit ist die Beobachtung der neutrophilen Granulozyten, die im Folsäuremangel eine Hypersegmentierung zeigen. Pietrzik et al. (11) verwenden folgendes Beurteilungsschema für die Feststellung der Folsäureversorgung (Tabelle 13).

Tabelle 13. Beurteilungsschema für den Folsäureversorgungszustand

	Serumfolat ng/ml	Semgentationszahl	Erythrozytenfolat ng/ml
Optimale Versorgung	>4,5	<3,30	>250
Marginale Versorgung	3,5–4,5	3,30–3,65	>250
Mangelhafte Versorgung	<3,5	>3,65	>250
Chronische Mangelversorgung		>3,65	<250

Ein weiterer Hinweis auf Folsäuremangel ist die Ausscheidung von Formiminoglutaminsäure im Harn. Dieser Test ist jedoch nur nach

Histidinbelastung zum Nachweis eines Folsäuremangels geeignet (11), was ihn kompliziert und für Reihenuntersuchungen ungeeignet macht.

Folsäuremangel gehört zu den häufigsten Avitaminosen. Ursachen sind ungenügende Zufuhr durch falsche Nahrungswahl oder falsche Zubereitung, erhöhter Bedarf in der Schwangerschaft und Stillperiode, Alkoholismus, Malabsorptionszustände und Wechselwirkungen mit Arzneistoffen wie Antikonvulsiva, Antibiotika, Cholestyramin, Acetylsalizylsäure oder Folsäureantagonisten (12).

Bedarf

Folsäurederivate aus Lebensmitteln sind sehr unterschiedlich verwertbar. Die überwiegend vorkommenden Konjugate sind oft nur zu 20 bis 25 % verfügbar. Pteroylglutaminsäure wird dagegen nahezu quantitativ resorbiert. Da mit 100–150 μg Pteroylglutaminsäure der Folsäurebestand eines Erwachsenen erhalten werden kann, wird die Empfehlung auf eine tägliche Zufuhr von 400 μg Folsäure, die in der Nahrung überwiegend in Form von Konjugaten vorliegt, festgelegt. Die Tabellen 14a und 14b zeigen die Empfehlungen zur Folsäurezufuhr.

Bei Säuglingen kann wegen der unterschiedlichen Ernährungsformen eine durchschnittliche Zusammensetzung der Folsäurederivate nicht angegeben werden. Man weicht daher auf „Folsäure-Äquivalente" aus und versteht darunter diejenige Menge eines Derivats oder Gemisches, die wirkungsgleich mit 1 μg Pteroylglutaminsäure ist. In der Praxis ist dieses Verfahren nicht einfach zu handhaben.

Tabelle 14a. Empfehlungen für die Folsäurezufuhr (DGE 1985)

	Gesamt-Folsäure μg/Tag	Folsäure-Äquivalente
Säuglinge		
0–11 Monate		40
Kinder		
1– 3 Jahre	200	
4– 9 Jahre	300	
10–14 Jahre	400	
Jugendliche und Erwachsene	400	
Schwangere ab 4. Monat	+ 400	
Stillende	+ 200	

Tabelle 14b. Empfehlungen für die Folsäurezufuhr (RDA 1980)

	Folsäure (μg/Tag)
Säuglinge	
0 – 0,5 Jahre	30
0,5 – 1 Jahr	45
Kinder	
1 – 3 Jahre	100
4 – 6 Jahre	200
7 – 10 Jahre	300
Jugendliche und Erwachsene	400
Schwangere	+ 400
Stillende	+ 100

Mangelerscheinungen

Im Vordergrund steht eine Störung in der Bildung der Blutzellen. Man findet eine makrozytäre Anämie mit Megaloblasten, Leukopenie, Thrombopenie mit Gerinnungsstörungen, Atrophie des lymphatischen Systems mit Lymphopenie und verringerter Antikörperbildung, ferner Schleimhautveränderungen im Bereich der Mundhöhle und des Magen-Darm-Trakts mit Durchfällen und Resorptionsstörungen. Die gestörte Synthese von Blutzellen (und anderen Zellen) ist die Folge der gestörten Purin- und DNS-Synthese.

Daneben findet man Blässe, physische Schwäche, Vergeßlichkeit, Schlafstörungen, Depressionen und andere neuropsychiatrische Störungen. Bei Schwangeren kann Folsäuremangel zu Mißbildungen führen.

Die biologische Halbwertszeit der Folsäure beträgt etwa 100 Tage. Wird bei bisher guter Versorgung die Folsäurezufuhr plötzlich vollständig unterbrochen, so dauert es 3–4 Monate bis zur Entwicklung einer megaloblastischen Anämie (8).

Folsäure kann die hämatologischen Symptome der perniziösen Anämie bessern, ohne jedoch die Degeneration der Rückenmarksbahnen zu beeinflussen. Aus diesem Grunde muß bei Megaloblastenanämien sorgfältig differenziert werden, und die kritiklose Anwendung von Vitamin-Kombinationspräparaten ist wegen dieses „maskierenden“ Effekts der Folsäure nicht ungefährlich.

Literatur

1. Benkovic SJ (1980) On the mechanism of action of folate- and biopterin-requiring enzymes. Ann Rev Biochem 49: 227–251
2. Blackley RL (1969) The Biochemistry of Folic Acid and Related Pteridins. North-Holland Publishing Company, Amsterdam, London
3. Delmonte L, Jukes TH (1962) Pharmacol Rev 14: 91
4. Food and Nutrition Board (1980) Recommended Dietary Allowances. 9th edn. Washington, D.C. pp 106–113
5. Friedrich W (1987) Handbuch der Vitamine. Urban u. Schwarzenberg, München, Wien, Baltimore
6. Herbert V, Das KC (1976) The role of vitamin B_{12} and folic acid in hemato- and other cell-poiesis. Vit Horm 34: 1–30
7. Krebs HA, Hems R, Tyler B (1976) The regulation of folate and methionine metabolism. Biochem J 158: 341–353
8. Krumdieck CL, Fukushima K, Fukushima T, Shiota T, Butterworth CE (1978) A long term study of the excretion of folate and pterins in a human subject after ingestion of ^{14}C folic acid, with observations on the effect of diphenylhydantoin administration. Am J Clin Nutr 31: 88–93
9. Nutrition Reviews (1983) Have the pteroylglutamates a regulatory function? Nutr Rev 41: 190–192
10. Nutrition Reviews (1987) Mammalian folylpoly-γ-glutamate synthetase. Nutr Rev 45: 186–188
11. Pietrzik K, Urban G, Hötzel D (1980) Int J Vitam Nutr Res 50: 261
12. Reimann J, Apel A (1988) Vitamine. Wechselwirkungen zwischen Arzneistoffen und Vitaminen. Deutsche Apotheker Zeitung 128: 737–743
13. Wagner C (1984) Folic Acid. In: Olson RE, Broquist HP, Chichester CO, Darby WJ, Kolbye AC jr., Stalvey RM (eds) Present Knowledge in Nutrition. 5th edn. The Nutrition Foundation, Inc., Washington, D.C.

2.1.8 Cobalamin (Vitamin B_{12})

Chemie und Eigenschaften

Die Cobalamine sind eine Reihe nahe verwandter Verbindungen, die unter der Bezeichnung Vitamin B_{12} zusammengefaßt werden. Diese Vitamine enthalten ein Porphyrin-ähnliches Ringsystem aus 4 Pyrrolringen, von denen jedoch 2 direkt, ohne Methinbrücken verbunden sind. Dieses System heißt Corrin-Ring. Zentralatom im Ringsystem ist Cobalt, welches koordinativ mit den N-Atomen der Pyrrolringe sowie mit dem Azolring des Nukleotids und einer Gruppe R verbunden ist, von der sich die nähere Bezeichnung des Vitamins ableitet.

Die teilweise hydrierten Pyrrolringe enthalten verschiedene Seitenketten. An den Propionsäurerest des Rings D ist Methylaminoethanol gebunden, welches über den Phosphatrest mit einem Nukleotid verknüpft ist, das 5,6-Dimethylbenzimidazol als Base enthält.

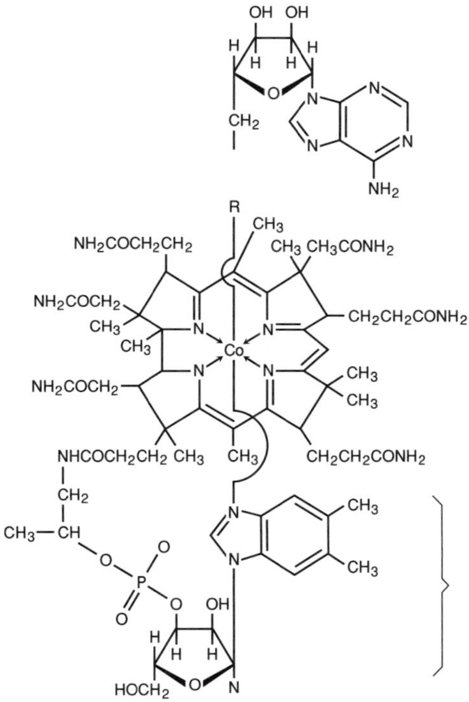

5-Desoxyadenosyl-Gruppe (R) des Coenzym B_{12}

Das Corrin-Ring-System

5,6-Dimethylbenzimidazol-ribonukleotid

In biologischen Systemen findet man vier Formen des Cobalamins
- Hydroxocobalamin (R = OH) und
- Aquocobalamin (R = H_2O),

die beide miteinander im Gleichgewicht stehen sowie die beiden Coenzymformen
- Methylcobalamin (R = -CH_3) und
- 5'-Desoxyadenosylcobalamin, auch einfacher als Adenosylcobalamin bezeichnet, in dem das C-Atom 5' des Adenosylrestes direkt an das Kobaltatom gebunden ist.

Cyanocobalamin (R = -CN) ist ein Kunstprodukt, das im Laufe der industriellen Gewinnung durch Zusatz von Zyanid zur Proteasenaktivierung entsteht. Die Verbindung ist stabiler und weniger lichtempfindlich als Adenosylcobalamin. Bei therapeutischer Verabreichung wird es im Organismus in die anderen Formen umgewandelt. Die Form, in der Cobalamin überwiegend in die Zellen aufgenommen wird, ist vermutlich Hydroxo- bzw. Aquocobalamin.

Die verschiedenen Formen der Cobalamine sind im Dunklen sowohl in kristalliner Form als auch in wäßriger Lösung sehr stabil.

Vorkommen

Vitamin B_{12} kann nur durch Mikroorganismen hergestellt werden und fehlt deshalb völlig in Blattgemüsen, Getreide und in den Samen der Pflanzen. Lediglich die Wurzeln der Pflanzen können Vitamin B_{12} enthalten, welches sie aus Bodenbakterien aufnehmen. Außerdem können pflanzliche Lebensmittel Vitamin B_{12} enthalten, wenn sie durch bakterielle Gärung hergestellt werden, wie z. B. Sauerkraut. Ansonsten gelangt das Vitamin nur durch Kontamination mit Fäkalien als Folge von Kopfdüngung oder mit Exkrementen von Ungeziefer in die pflanzliche Nahrung. Der Mensch bezieht das Vitamin unter hygienischen Verhältnissen fast ausschließlich aus Lebensmitteln tierischer Herkunft. Die besten Quellen für Vitamin B_{12} sind Leber (ca. 60 μg/100 g) und Niere (30 μg/100 g), dann folgen in größerem Abstand Fisch (0,5–14 μg/100 g), Fleisch (2–3 μg/100 g), Eier (0,4–1,25 μg/100 g) und Kuhmilch (0,1–0,6 μg/100 g), (6). Diese Lebensmittel enthalten vor allem Adenosyl- und Hydroxocobalamin. In der Kuhmilch überwiegt Adenosylcobalamin. Im Gegensatz dazu enthält die Muttermilch vorwiegend Methylcobalamin (2, 10).

Wirkform und Wirkungsmechanismen

Die beiden Coenzymformen von Vitamin B_{12}, Methylcobalamin und Adenosylcobalamin, werden in unterschiedlichen Zellkompartimenten gebildet. Während Methylcobalamin im Zytosol entsteht, wird Adenosylcobalamin in den Mitochondrien gebildet.

Methylcobalamin ist Methylgruppenüberträger bei der Methioninsynthese. Es wirkt dabei als Zwischenstufe beim Methyltransfer von Methyltetrahydrofolsäure auf Homocystein. Dazu ist weiterhin S-Adenosylmethionin in katalytischen Mengen erforderlich sowie ein reduzierendes System, welches Cobalamin mit dreiwertigem Kobalt (Cbl-Co^{3+}) über Cbl-Co^{2+} zu Cbl-Co^{1+} (auch als Vitamin $B_{12a} \rightarrow B_{12r} \rightarrow B_{12s}$ bezeichnet) reduzieren kann. Die von Methyltetrahydrofolat übertragene Methylgruppe wandelt Cbl-Co^{1+} zu enzymgebundenem Methylcobalamin um, welches die Methylgruppe dann auf Homocystein überträgt unter Bildung von Methionin und Cbl^{1+} (Abb. 11). Im Laufe einer Reihe solcher Zyklen wird Cbl^{1+} spontan zu Cbl^{2+} oder Cbl^{3+} oxidiert, aus welchem durch ein reduzierendes System und S-Adenosylmethionin wieder Methylcobalamin regeneriert werden muß. S-Adenosylmethionin ist wahrscheinlich zur Erstmethylierung von Cobalamin erforderlich.

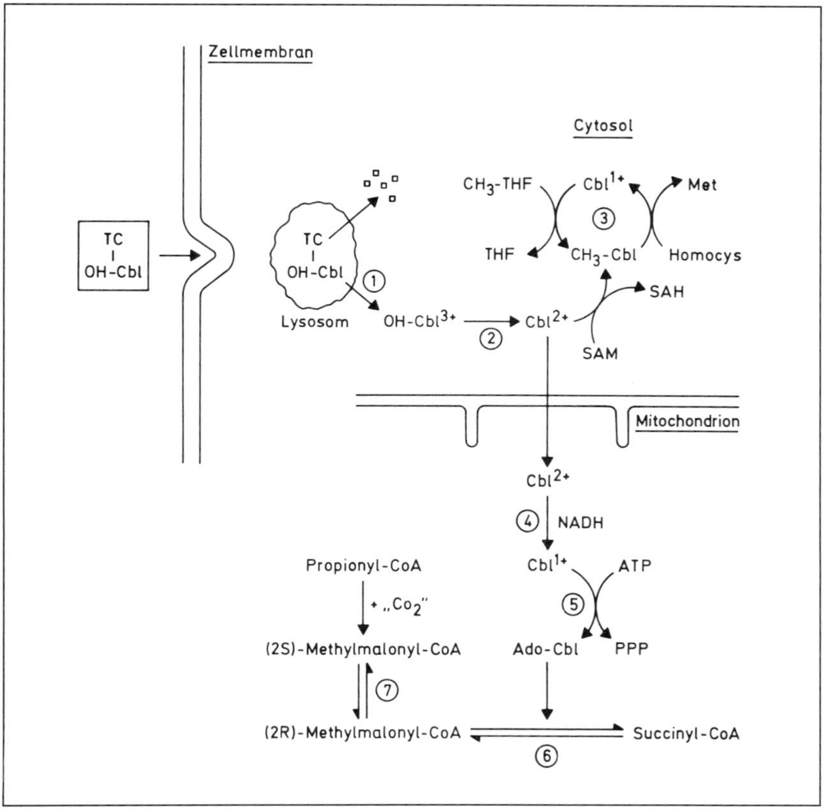

Abb. 11. Intrazellulärer Stoffwechsel und Wirkungsmechanismus des Vitamin B_{12}

Die zweite Coenzymform – Adenosylcobalamin – entsteht intramitochondrial aus Cbl^{1+} und ATP unter Abspaltung von Triphosphat (s. Abb. 11). Adenosylcobalamin ist an intramolekularen Umlagerungen beteiligt. Im Gegensatz zu vielen Reaktionen in Mikroorganismen kennt man bei Tieren und beim Menschen nur zwei derartige Reaktionen, die Adenosylcobalamin benötigen:

1. Die Umlagerung von Methylmalonyl-CoA zu Succinyl-CoA durch die Methylmalonyl-CoA-Mutase:

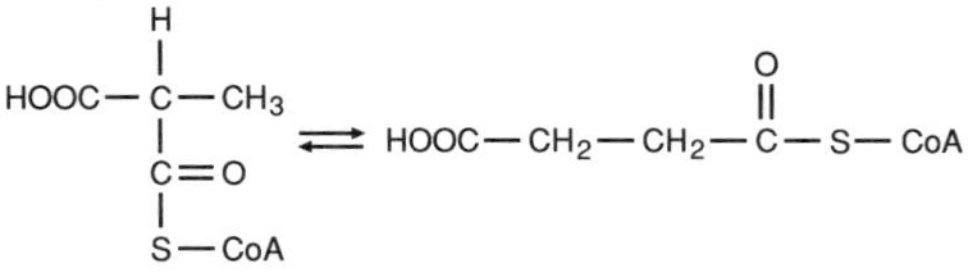

Hier wandert der -CO-S-CoA-Anteil im Austausch gegen ein Wasserstoffatom an den Methylkohlenstoff. Durch diese Reaktion wird Propionsäure, die beim Abbau ungeradzahliger Fettsäuren oder beim Abbau der Aminosäuren Methionin, Threonin und Isoleucin entsteht, in den Zitronensäurezyklus eingeschleust. Ebenso mündet das beim Valinabbau freigesetzte Methylmalonyl-CoA in den Zitronensäurezyklus.

2. Die reversible Umwandlung von L-Leucin in 3-Aminoisocapronsäure (β-Leucin) durch Leucin-2,3-aminomutase, die in menschlichen Leukozyten, Haarwurzeln und in Rattenleber gefunden wird (13). Die Bedeutung dieser Reaktion ist noch unklar.

Stoffwechsel

Bei der Verdauung freigesetztes Cobalamin wird an den Intrinsic factor, ein aus den Parietalzellen der Magenschleimhaut stammendes Glykoprotein mit zwei Bindungszentren – eines für Cobalamin und eines für einen Rezeptor im Ileum – gebunden. Der Cobalamin-intrinsic-factor-Komplex ist im Gegensatz zum freien intrinsic factor gegen Magen- und Pankreaspeptidasen stabil. Der Komplex wird zum Ileum transportiert und dort in Gegenwart von Calciumionen an die Rezeptoren des Bürstensaums gebunden. Unter der Wirkung eines Releasing factor wird Cobalamin in die Zelle aufgenommen und der Intrinsic factor wird abgebaut.

Die Resorptionsgeschwindigkeit des Vitamins ist gering (t/2 = 17–20 Std.) und die resorbierbare Menge begrenzt. Bei hohen Dosen kann das Vitamin auch ohne Intrinsic factor passiv resorbiert werden, aber die Verwertung ist dann außerordentlich unökonomisch. Während bei einer Dosis von 1 mg Cobalamin etwa 0,9 % passiv resorbiert werden, sinkt die passive Resorption bei einer Dosis von 100 mg auf etwa 0,45 % ab. Die perorale Zufuhr zur Ergänzung eines größeren Defizits ist daher unrentabel.

Zum Transport im Blut wird Cobalamin an Transcobalamin (früher Transcobalamin II) – ein β-Globulin – gebunden. Die Gewebszellen besitzen Rezeptoren für den Transcobalamin-Cobalamin-Komplex. Nach Bindung an den Rezeptor in Gegenwart von Kalziumionen wird der Komplex durch Endozytose in die Zelle aufgenommen und gelangt in die Lysosomen, wo Transcobalamin proteolytisch abgebaut und Cobalamin freigesetzt wird. Intrazellulär liegt Cobalamin überwiegend vor als Methylcobalamin gebunden an die zytosolische Methionin-Synthase oder als Adenosylcobalamin an die mitochondriale Methylmalonyl-CoA-Mutase gekoppelt. Dazu muß Cobalt reduziert werden (s. Abb. 11).

Außer dem Intrinsic factor und Transcobalamin gibt es noch weitere Cobalamin-bindende Proteine (4, 8). Im Magensaft findet sich neben dem Intrinsic factor ein Cobalamin-bindendes Protein, das elektrophoretisch schneller wandert als jener und deshalb die Bezeichnung R-Protein (rapid moving) erhielt. Weitere Bezeichnungen dafür sind Cobalophilin oder Haptocorrin. Diese Proteine binden Cobalamin wie der Intrinsic factor an einem spezifischen Bindungszentrum. Sie werden dann aber proteolytisch abgebaut, so daß Cobalamin von dem Proteolyse-resistenteren Intrinsic factor übernommen wird.

Derartige Haptocorrine findet man auch im Blutserum; dort wandern sie elektrophoretisch mit der α-Globulinfraktion und wurden früher als Transcobalamin I und III bezeichnet. Die physiologische Bedeutung der Haptocorrine ist noch unklar. Da bei kongenitalem Defekt dieser Proteine keine Störungen auftreten, scheinen sie keine entscheidende Rolle im Stoffwechsel von Vitamin B_{12} zu spielen. Dagegen können sie unter pathologischen Bedingungen von Bedeutung sein. Bei Pankreasinsuffizienz kann es zu einem Mangel an Vitamin B_{12} kommen, weil die Cobalamin-bindenden Haptocorrine nicht abgebaut werden und somit Cobalamin dem Intrinsic factor und der Resorption nicht zur Verfügung stehen.

Ursprungsort der Haptocorrine im Serum sind Leukozyten und Granulozyten. So ist zu erklären, daß bei chronisch myeloischer Leukämie der Vitamin-B_{12}-Spiegel im Serum durch Bindung an vermehrt produzierte Haptocorrine erhöht ist, ohne daß das Vitamin biologisch verfügbar ist.

Vitamin B_{12} unterliegt einem enterohepatischen Kreislauf, in dem täglich etwa 3–8 μg zirkulieren. Das erklärt den jahrelangen Erhalt des Vorrats bei Veganern (strengste Form des Vegetarismus, bei der auch Milch und Eier gemieden werden), während bei fehlendem Intrinsic factor der Vorrat rascher verbraucht wird. Aber auch hier, z.B. nach einer totalen Magenresektion, können Jahre vergehen bis zur Manifestation von Vitamin B_{12}-Mangelerscheinungen (2).

Der Gesamtkörperpool an Vitamin B_{12} beträgt 3–5 mg. Davon liegen etwa 60 % in der Leber, dem Hauptspeicherorgan, und 30 % in der Muskulatur vor. Die biologische Halbwertszeit des in der Leber gespeicherten Vitamins beträgt 350–400 Tage, und Mangelerscheinungen treten erst auf, wenn der Bestand auf etwa 10 % abgefallen ist.

Bei therapeutischer Anwendung wird Hydroxocobalamin besser retiniert und rascher in das Coenzym umgewandelt als Zyanocobalamin.

Dies macht sich bei höheren Dosen zunehmend bemerkbar. So besteht z. B. bei intramuskulärer Injektion von 10–20 μg Hydroxo- oder Zyanocobalamin kaum ein Unterschied in der Retention der beiden Vitaminformen. Bei einer Injektionsdosis von 500 μg wird 2,8 mal mehr Hydroxocobalamin als Zyanocobalamin retiniert. Der Faktor steigt bei einer Dosis von 1000 μg Hydroxo- oder Zyanocobalamin weiter auf 3,65 an.

Erfassung des Vitaminstatus

Der Cobalamingehalt im Serum eignet sich bedingt zur Beurteilung der Versorgung mit Vitamin B_{12}. Werte unter 100 pg/ml Serum sind ein sicheres Zeichen für einen Vitamin-B_{12}-Mangel. Es kann aber auch Mangelerscheinungen bei normalem oder erhöhtem Serumspiegel an Cobalamin, wie z. B. bei chronisch myeloischer Leukämie (s. o.) oder bei manchen angeborenen Defekten des Cobalamin-Stoffwechsels geben. Als wertvoll für die Beurteilung des Versorgungszustandes hat sich der Desoxyuridin-Suppressionstest erwiesen (5), der an Knochenmarkszellen oder an Blutlymphozyten nach Vorinkubation mit nichtradioaktivem Desoxyuridin den Einbau eines radioaktiven Vorläufers in die DNA ohne und mit Zusatz von Vitamin B_{12} vergleichend mißt. Die Resorption von Vitamin B_{12} kann mit dem Schilling-Test gemessen werden (14).

Bedarf

Die Empfehlungen der DGE und des US Food and Nutrition Board

Tabelle 15 a. Empfehlungen für die Vitamin-B_{12}-Zufuhr (DGE 1985)

	Vitamin B_{12} (μg/Tag)
Säuglinge	
0– 2 Monate	0,5
3– 5 Monate	1,0
6–11 Monate	1,5
Kinder	
1– 3 Jahre	2,5
4– 6 Jahre	3,0
7–14 Jahre	5,0
Jugendliche und Erwachsene aller Altersklassen	5,0
Schwangere	+ 1,0
Stillende	+ 1,0

(RDA) sind in den Tabellen 15a und b wiedergegeben. Die DGE geht bei ihren höheren Empfehlungen davon aus, daß das Vitamin schlechter resorbiert wird, wenn die Nahrungszufuhr nicht auf mehrere Portionen verteilt sondern wie meist üblich auf zwei Hauptmahlzeiten konzentriert wird.

Tabelle 15b. Empfehlungen für die Vitamin-B_{12}-Zufuhr (RDA 1980)

	Vitamin B_{12} (μg/Tag)
Säuglinge	
0 – 0,5 Jahre	0,3
0,5 – 1 Jahr	0,6
Kinder	
1 – 3 Jahre	2,0
4 – 6 Jahre	2,5
7 – 10 Jahre	3,0
Jugendliche und Erwachsene aller Altersklassen	3,0
Schwangere	+ 1,0
Stillende	+ 1,0

Mangelerscheinungen

Bei Mangel an Cobalamin entsteht das Bild der „perniziösen Anämie". Es handelt sich wie beim Folsäuremangel um eine makrozytäre Anämie mit Leukopenie und Thrombopenie und Megaloblasten im Sternalmark. Darüberhinaus entwickeln sich Degenerationsherde in der weißen Substanz der langen Rückenmarksbahnen, insbesondere der Seiten- und Hinterstränge (funikuläre Myelose). Dies äußert sich subjektiv in Parästhesien, Störungen der Tiefensensibilität, hyperaktiven Reflexen oder Reflexverlusten und Ataxie. Die Krankheit beginnt häufig mit Zungenbrennen. Man findet eine Glossitis (Huntersche Glossitis) mit entzündlicher Rötung und Bläschenbildung, später wird die Zunge atrophisch glatt und besonders am Rand ohne Papillenmuster. Ebenso ist die Magenschleimhaut atrophisch, es besteht eine histaminrefraktäre Achylie.

Eine Erklärung der Mangelsymptome auf molekularer Ebene ist nach dem gegenwärtigen Stand der Kenntnisse in folgender Weise möglich:

Die hämatologischen Symptome entsprechen denen bei Folsäuremangel. Ein Mangel von aktiven Folsäurederivaten als Folge eines

Cobalaminmangels läßt sich durch die „Methyl-trap-Hypothese“ erklären: Bei Mangel an Cobalamin ist die Umwandlung der verschiedenen C_1-THF-Derivate in 5-Methyl-THF so gut wie irreversibel und THF kann aus dieser Verbindung nicht mehr freigesetzt werden. Zur näheren Erklärung siehe bei Folsäure, Seite 62 und Abbildung 10. Wie weit zusätzlich eine Störung des Folsäuretransports in die Zellen und der Polyglutamatsynthese als Schritt bei der Umwandlung von Folsäure in die intrazellulären aktiven Folsäurederivate eine Rolle spielen, ist noch nicht aufgeklärt. Möglicherweise sind sie die Folge der Methyl-THF-Sackgasse, denn das bevorzugte Substrat für die Polyglutamatsynthese ist THF (7).

Die neurologischen Symptome lassen sich möglicherweise mit einer abnormen Fettsäurezusammensetzung von Strukturen des Nervensystems erklären. Da der Abbau von Propionsäure bei Cobalaminmangel auf der Stufe von Methylmalonyl-CoA blockiert ist, häufen sich beide Verbindungen an und können als Bausteine zur Fettsäuresynthese verwendet werden. Durch entsprechende Kettenverlängerung entstehen ungeradzahlige Fettsäuren bzw. methylverzweigte Fettsäuren. Diese Möglichkeit wird durch eine Reihe von Untersuchungen bestätigt. Rattengliazellen, die in einer Kultur mit ungenügendem Vitamin-B_{12}-Gehalt des Mediums gewachsen sind, enthalten erhöhte Mengen an Propionsäure sowie ungeradzahligen Fettsäuren mit 15- und 17-C-Atomen. Zugabe von B_{12} normalisiert die Fettsäurezusammensetzung (1).

Auch in Nervengewebe von Patienten mit perniziöser Anämie wurden vermehrt Fettsäuren mit 15- und 17-C-Atomen gefunden (2). Bei einem Kind mit einem angeborenen Defekt in der Umwandlung von Cobalamin in das Coenzym wurden in allen untersuchten Geweben, besonders aber in allen Anteilen des Nervensystems Fettsäuren mit 15- und 17-C-Atomen, aber auch verzweigte Fettsäuren (Methylhexadecansäuren) gefunden (9).

Für den Vitamin-B_{12}-Mangel gibt es im wesentlichen drei Ursachen (10):

- Unzureichende Resorption
- Unzureichende Zufuhr
- Unzureichende Verwertung.

Unzureichende Resorption. Ursache der genuinen perniziösen Anämie ist das Fehlen des Intrinsic factors, so daß Cobalamin nicht resorbiert werden kann. Man nimmt heute an, daß es sich überwiegend um eine organspezifische Autoimmunerkrankung handelt, die zur Atrophie der Magenschleimhaut und zum Sistieren der Produktion bzw. zur Inaktivierung des Intrinsic factors führt.

Da die Magenschleimhaut die Produktionsstätte dieses Faktors ist, findet man Mangelerscheinungen an Cobalamin auch nach totalen oder subtotalen Magenresektionen. Den gleichen Effekt haben Resektionen des Ileums oder größerer Teile davon, oder seine Ausschaltung durch Enteroanastomosen, weil die aktive Cobalaminresorption nur in diesem Darmabschnitt erfolgt. Schließlich können Parasiten wie der Fischbandwurm durch gesteigerten Cobalaminverbrauch einen Mangel hervorrufen (4).

Auch bei Morbus Crohn kann die Cobalaminresorption gestört sein. Auf Vitamin-B_{12}-Mangel bei Pankreasinsuffizienz ist schon bei den Haptocorrinen hingewiesen worden (s. Seite 71).

In seltenen Fällen findet man auch einen kongenitalen Defekt des Intrinsic factor oder eine kongenitale Cobalaminmalabsorption (2).

Unzureichende Zufuhr. Da die Vitamin-B_{12}-Zufuhr fast ausschließlich über tierische Produkte erfolgt, sind Veganer unzureichend versorgt, was sich in einem niedrigen Serumcobalaminspiegel zeigt. Trotzdem zeigen sich klinische Symptome selten oder erst nach vielen Jahren, was auf ein gutes Funktionieren des enterohepatischen Kreislaufs zurückzuführen ist. Unter besonderer Gefahr stehen allerdings Kinder veganischer Mütter. Diese Kinder beginnen ihr Leben bereits mit einem unzureichenden Cobalaminvorrat.

Unzureichende Verwertung. Transcobalaminmangel führt zu Cobalaminmangel in den Geweben mit den entsprechenden Folgen. Dabei ist der Cobalaminspiegel im Serum normal, weil die Cobalamine an Haptocorrine gebunden sind, ohne ausreichend biologisch verfügbar zu sein (10–12).

Weiterhin gibt es eine Reihe von angeborenen Enzymdefekten des Cobalaminstoffwechsels, die zu einem Mangel an einer oder beiden aktiven Coenzymformen führen und mit Methylmalonazidämie und/oder Homocystinurie verbunden sind (ausführliche Übersicht bei 3, 6, 10, 11). Die Folgen dieser Defekte werden aus Abb. 11 verständlich. Die Ziffern in Klammer entsprechen den in Abb. 11 durchnumerierten Reaktionen.

- Ein Defekt der Reduktion von Cbl^{3+} zu Cbl^{2+} im Zytosol (2) führt zu einem Mangel an beiden Coenzymformen und daher zu Methylmalonazidämie und Homocystinurie sowie zu Megaloblastenanämie.

- Defekte des mit der Transmethylierung verbundenen reduzierenden Systems (3), welches Enzym-gebundenes Cbl im reduzierten Zustand erhalten muß, führen zu einem Mangel an Methylcobalamin, Homocystinurie und megaloblastischer Anämie bei normalen Konzentrationen an Adenosylcobalamin und normalem Stoffwechsel von Methylmalonyl-CoA. (Megaloblastenanämie ist immer mit Mangel an Methylcobalamin verknüpft, siehe „Methyl-trap-Hypothese").
- Defekte der intramitochondrialen Reduktion (4) oder der Adenosyltransferase (5) führen zu Mangel an Adenosylcobalamin und Methylmalonazidämie bei normalem Methylcobalamin und Methioninstoffwechsel. Da die hier aufgezählten Defekte oft inkomplett sind, können Megadosen an Vitamin B_{12} bei den meisten Patienten helfen.

Schließlich gibt es noch Defekte der Methylmalonyl-CoA-Mutase (6) oder der Methylmalonyl-CoA-Racemase (7), die eine durch Vitamin B_{12} unbeeinflußbare Methylmalonylazidämie zur Folge haben.

Literatur

1. Barley FW, Sato GH, Abeles RH (1972) An effect of vitamin B_{12} deficiency in tissue culture. J Biol Chem 247: 4270–4276
2. Chanarin I (1969) The megaloblastic anemias, FA Davis Company, Philadelphia, Pa., pp 1000
3. Cooper BA, Rosenblatt DS (1987) Inherited defects of vitamin B_{12} metabolism. Ann Rev Nutr 7: 291–320
4. Corcino JJ, Waxman S, Herbert V (1970) Amer J Med 48: 562
5. Das KC, Herbert V (1978) The lymphocyte as a marker of past nutritional status. Persistence of abnormal lymphocyte desoxyuridine (dU) suppression test and chromosomes in patients with past deficiency of folate and vitamin B_{12}. Brit J Haematol 38: 219–233
6. Friedrich W (1987) Handbuch der Vitamine. Urban u. Schwarzenberg, München, Wien, Baltimore
7. Herbert V (1984) Vitamin B_{12}. In: Olson RE, Broquist HP, Chichester CO, Darby WJ, Kolbye AC jr., Stalvey RM (eds) Present Knowledge in Nutrition. 5th edn. The Nutrition Foundation Inc., Washington D.C.
8. Jacob E, Baker SJ, Herbert V (1980) Vitamin B_{12}-bindung proteins. Physiol Rev 60: 918–960
9. Kishimoto Y, Williams M, Moser HW, Hignite C, Biemann K (1973) Branched-chain and odd-numbered fatty acids and aldehydes in the nervous system of a patient with deranged vitamin B_{12} metabolism. J Lipid Res 14: 69–77
10. Matthews DM, Linnell JC (1982) Cobalamin deficiency and related disorders in infancy and childhood. Eur J Pediatr 138: 6–16
11. Nutrition Reviews (1986) Recently described defects in vitamin B_{12} metabolism. Nutr Rev 44: 236–238
12. Nutrition Reviews (1986) Cobalamin E disease in an infant. Nutr Rev 44: 239–241

13. Poston JM (1980) Cobalamin-dependent formation of leucine and β-leucine by rat and human tissue. J Biol Chem 255: 10067–10072
14. Schilling RF (1953) J Lab Clin Med 42: 860

2.2 Ascorbinsäure (Vitamin C)

Chemie und Eigenschaften

Der Name Ascorbinsäure leitet sich von den antiskorbutischen und sauren Eigenschaften der Verbindung ab (Übersichten siehe 4, 6, 14, 15, 28, 33).

Die meisten Tierspezies vermögen Ascorbinsäure zu synthetisieren. Die Reaktionsfolge ist in Abb. 12 angegeben.

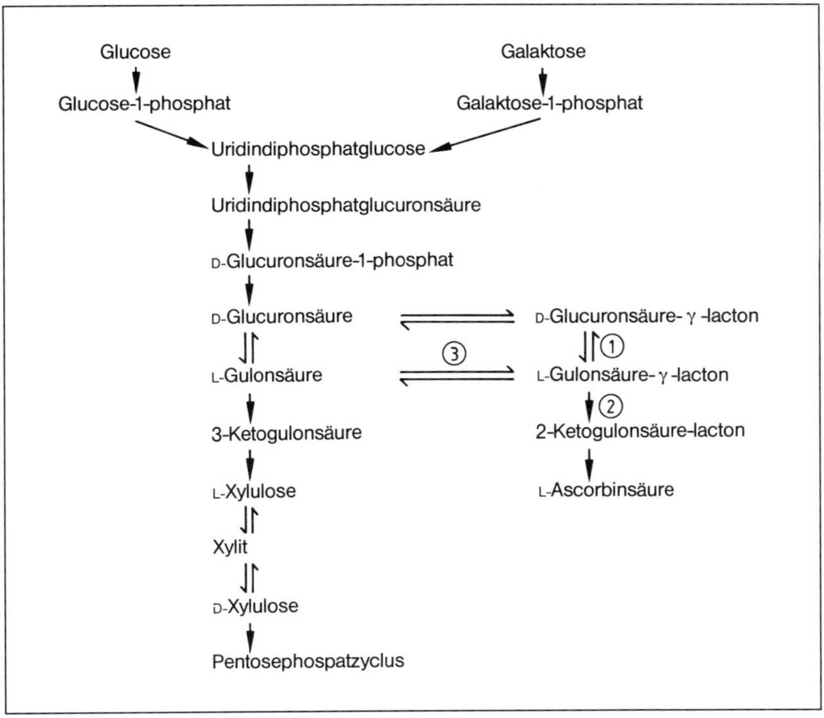

Abb. 12. Biosynthese der Ascorbinsäure (① – D-Glucuronsäure-γ-lacton-Redukase, ② – L-Gulonsäure-γ-lacton-Oxidase, ③ – Aldonolactonase)

Der Mensch, Primaten, das Meerschweinchen und einige andere Spezies benötigen als Mangelmutanten Ascorbinsäure als Vitamin, weil die Enzyme D-Glucuronsäure-γ-lacton-Reduktase, L-Gulonsäure-γ-lacton-Oxidase und Aldonolactonase fehlen.

Die wichtigsten chemischen und biochemischen Eigenschaften des Vitamins beruhen auf der Endiolgruppierung. Durch Dissoziation der beiden H-Atome der am Doppelbindungssystem sitzenden Hydroxylgruppen reagiert Ascorbinsäure als zweibasische Säure ($pK_1 = 4{,}1$ und $pK_2 = 11{,}8$) und bildet entsprechende Salze.

Ascorbinsäure ist leicht autoxidabel und daher ein kräftiges Reduktionsmittel. Spuren von Schwermetallionen führen besonders bei neutralem oder alkalischem Milieu zu rascher oxidativer Zerstörung des Vitamins. Unter schonenden Bedingungen führt die Oxidation nur zu Dehydroascorbinsäure. Diese Verbindung ist nicht ionisierbar, also keine Säure; sie hat volle Vitaminwirksamkeit, weil sie im Organismus, besonders durch nichtenzymatische Reaktion mit Glutathion, wieder zu Ascorbinsäure reduziert werden kann. In neutralem und alkalischem Milieu wird der Lactonring der Dehydroascorbinsäure hydrolysiert, und es entsteht 2,3-Diketogulonsäure, die keine Vitaminwirksamkeit mehr besitzt.

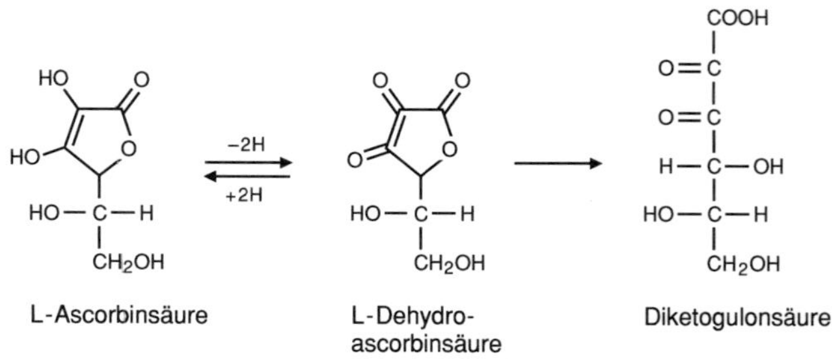

In saurer wässriger Lösung (unter pH 6) ist Ascorbinsäure stabil, auch in Gegenwart von Luftsauerstoff. Bereits Spuren von Schwermetallen, besonders Cu^{++}, katalysieren jedoch eine rasche oxidative Zerstörung. Als Schutzstoffe wirken bei gewöhnlicher Temperatur niedermolekulare SH-Verbindungen, verschiedene Säuren, Mono- und Polysaccharide, Pektine, Flavonoide, Gerbstoffe und andere. Von den organischen Säuren ist Citronensäure besonders wirksam (noch bis pH 8); aus diesem Grund ist die Ascorbinsäure in Citrussäften besonders gut haltbar.

Vorkommen

Ascorbinsäure kommt in allen Pflanzen vor, wenn auch die Mengen recht unterschiedlich sind. Besonders hohe Konzentrationen findet man in Hagebutten, schwarzen Johannisbeeren, Zitrusfrüchten und Paprika. Eine wichtige Basisquelle für die Ascorbinsäureversorgung sind Kartoffeln mit einem Gehalt von 3–30 mg/100 g. Kuhmilch enthält bedeutend weniger Ascorbinsäure als Frauenmilch. Bei der Lagerung von Gemüsen und Früchten nimmt der Ascorbinsäuregehalt durch enzymatische Prozesse ab, so daß im Frühjahr, gegen Ende der Lagerzeit, mit einem geringeren Gehalt gerechnet werden muß. Bei der Lebensmittelkonservierung werden durch Blanchieren (kurzes Erhitzen) diese enzymatischen Prozesse abgestoppt; durch Tiefgefrieren werden sie verlangsamt.

Beim Kochen kommt es zu Verlusten durch Extraktion ins Kochwasser und durch temperaturbedingte oxidative Zerstörung, die besonders bei längerem Warmhalten der Speisen stärker ins Gewicht fällt als bei kurzzeitigem Erhitzen.

Ascorbinsäure wird in größerem Umfang in der Lebensmitteltechnologie als Antioxydans zur Stabilisierung von Lebensmitteln verwendet, insbesondere auch in Form des fettlöslichen Ascorbylpalmitat zur Verhütung der Oxydation von Fetten und Ölen (3).

Wirkform und Wirkungsmechanismus

Im Gegensatz zu den B-Vitaminen, deren Wirkformen definierte Coenzyme sind, gibt es bei Ascorbinsäure keine besondere Wirkform. Für die Beteiligung von Ascorbinsäure als Cofaktor bei enzymatischen Reaktionen gibt es keine besondere Spezifität, vielfach können andere Reduktionsmittel Ascorbinsäure ersetzen. Über den Wirkungsmechanismus ist in der überwiegenden Zahl der Fälle nichts bekannt. Der tödliche Ausgang der Skorbuterkrankungen kann bis heute nicht mit molekularen Wirkungsmechanismen der Ascorbinsäure erklärt werden. Deshalb sind bis heute die Funktionen der Ascorbinsäure ein Rätsel, dessen Lösung für den Biochemiker eine große Herausforderung ist. Im folgenden werden die wichtigsten Reaktionen aufgeführt, an denen Ascorbinsäure beteiligt ist.

1. Beteiligung am mikrosomalen Elektronentransport. In Nebennieren- und Lebermikrosomen wirkt das Radikal Semidehydroascorbinsäure als Elektronenüberträger. Auf dieses Radikal können durch

NADH: Semidehydroascorbat-Oxidoreduktase Elektronen übertragen werden unter Rückbildung von NAD^+ und Ascorbat:

$$NADH + H^+ + 2\ Semidehydroascorbat \rightleftarrows NAD^+ + 2\ Ascorbat$$

Etwa 10% der von NADH auf Semidehydroascorbinsäure übertragenen Elektronen können von Ascorbat: Ferricytochrom b_5-Oxidoreductase auf Cytochrom b_5 weitergeleitet werden (32):

$$L\text{-}Ascorbat + Ferricytochrom\ b_5 \rightleftarrows Semidehydroascorbat + Ferrocytochrom\ b_5$$

Zwei Moleküle Semidehydroascorbinsäure können zu je einem Molekül Ascorbinsäure und Dehydroascorbinsäure disproportionieren. Beim mikrosomalen Hydroxylierungen ist ein mikrosomales Elektronentransportsystem mit Cytochrom P-450 beteiligt (7):

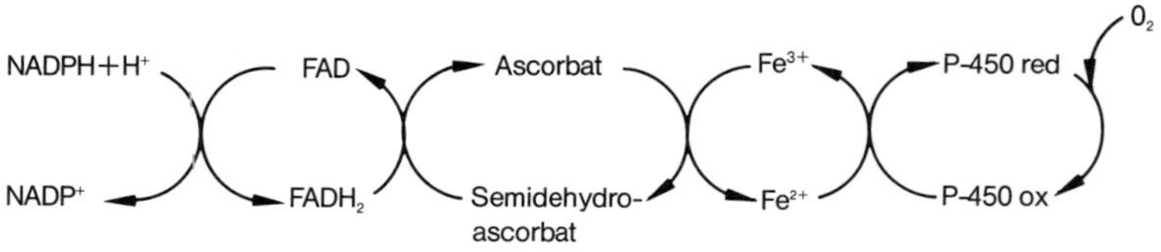

2. Beteiligung an Hydroxylierungsreaktionen. Hydroxylierungsreaktionen, an denen Ascorbinsäure beteiligt ist oder sein kann:

a) *Monooxygenasereaktionen,* die Kupfer, molekularen Sauerstoff und ein Reduktionsmittel wie Ascorbinsäure benötigen (Dopamin-β-Hydroxylase und Peptidylglycin-α-amidierende Monooxygenase);

b) *Dioxygenasereaktionen,* bei denen beide Atome eines Sauerstoffmoleküls in ein einziges Produkt eingebaut werden (4-Hydroxyphenylpyruvat-Dioxygenase; Produkt: Homogentisinsäure. Homogentisinsäure-1,2-Dioxygenase; Produkt: Maleylacetessigsäure);

c) *Dioxygenasereaktionen,* die α-Ketoglutarat (Cosubstrat) sowie zweiwertiges Eisen benötigen. Ein Atom des Sauerstoffmoleküls wird in Succinat und das zweite in das Oxidationsprodukt eines spezifischen Substrats eingebaut (Prolyl-Hydroxylase, Lysyl-Hydroxylase, 6-N-Trimethyl-L-lysin-Hydroxylase, γ-Butyrobetain-Hydroxylase.

Zu a): Eine Beteiligung von Ascorbinsäure an den beiden Monooxygenasereaktionen ist durch die Tatsache, daß besonders hohe Konzentrationen an Ascorbinsäure in den reaktionsspezifischen Geweben vorliegen, am ehesten gesichert.

- *Dopamin-β-Hydroxylase:*
  Die Hydroxylierung von Dopamin zu Noradrenalin ist ein wichtiger Schritt bei der Katecholaminsynthese, insbesondere in den chromaffinen Granula des Nebennierenmarks. Im enzymatischen Test in vitro wird Ascorbinsäure stöchiometrisch zum Sauerstoffverbrauch und zur Noradrenalinbildung verbraucht. Die Elektronenübertragung erfolgt in zwei Schritten über Semidehydroascorbinsäure. In vivo ergibt sich das Problem, daß die Hydroxylase in den Granula der chromaffinen Zellen lokalisiert ist, während sich der größte Teil an Ascorbinsäure im Zytosol befindet. Es gibt Hinweise auf ein Elektronen-shuttle-System, welches die Noradrenalinsynthese in den Granula antreibt (22):
  Zytosolisches Dopamin wird durch ein Carrier-System in die chromaffinen Granula transportiert und dort zu Noradrenalin hydroxyliert. Gleichzeitig wird das oxidierte Kupfer der Hydroxylase durch zwei Einzelelektronenschritte von zwei Molekülen Ascorbinsäure unter Bildung von zwei Semidehydroascorbinsäure zu Cu^{1+} reduziert. Die Regeneration der Ascorbinsäure aus Semidehydroascorbinsäure erfolgt durch transmembranären Einzelelektronentransport aus zytosolischer Ascorbinsäure über Cytochrom b_{561} in der Membran. Die im Zytosol entstandene Semidehydroascorbinsäure wird durch die NADH-abhängige Semidehydroascorbat-Reduktase zur Ascorbinsäure oxidiert. Die treibende Kraft ist ein Protonentransport in die Granula durch eine membranständige ATPase.

- *Peptidylglycin-α-amidierende Monooxygenase:*
  Peptide mit einem Carboxyl-endständigen Glycin können durch eine kupferhaltige Monooxygenase α-amidiert werden, indem durch molekularen Sauerstoff Glyoxylat und Wasser abgespalten werden, während die Aminogruppe an der vor dem endständigen Glycin befindlichen Aminosäure verbleibt:

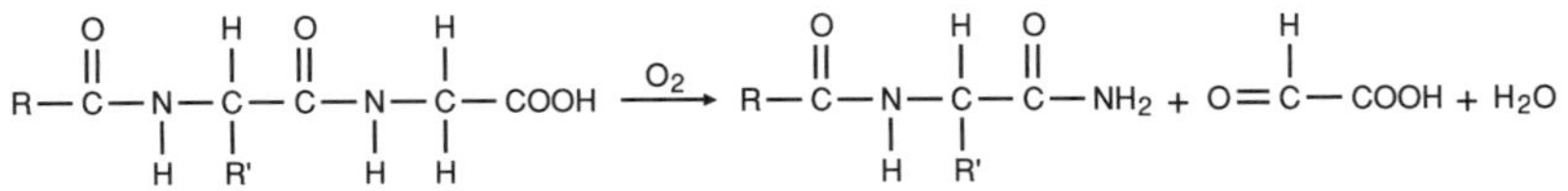

Diese Reaktion ist von großer biologischer Bedeutung. Folgende Peptide entstehen durch eine derartige Amidierung aus inaktiven Vorstufen: Bombesin (menschliches Gastrin – freisetzendes Peptid), Calcitonin, Cholezystokinin, Corticotropin-releasing Faktor, Gastrin, Wachstumshormon-releasing Faktor, α- und γ-Melanotropin, Metorphamid, Neuropeptid Y, Ocytocin, vasoaktives intestinales Peptid, Vasopressin und andere (6).

Zu b): Skorbutische Meerschweinchen scheiden Zwischenprodukte des Tyrosinstoffwechsels aus. Beide Dioxygenasen des Abbauwegs – 4-Hydroxyphenylpyruvat-Dioxygenase und Homogentisinsäure-1,2-Dioxygenase – können Ascorbinsäure als Wasserstoffdonator verwenden. Der Wirkungsmechanismus der Ascorbinsäure bei diesen Reaktionen ist aber unklar. Da beide Enzyme Fe^{2+} benötigen, spielt Ascorbinsäure möglicherweise bei der Reduktion von Fe^{3+} zu Fe^{2+} eine Rolle.

Zu c): Die Hydroxylierung von peptidgebundenen Prolyl- und Lysylresten ist ein wichtiger Schritt bei der Kollagensynthese. Die Enzyme benötigen ebenfalls zweiwertiges Eisen, so daß die Möglichkeit besteht, daß Ascorbinsäure über dessen Erhaltung im zweiwertigen Zustand wirkt. Die gestörte Kollagensynthese würde eine hervorragende Erklärung für manche Symptome des Skorbuts abgeben. Leider aber findet man bei skorbutischen Tieren keine wesentliche Verringerung des Hydroxylierungsgrades von Kollagen, so daß nach anderen Erklärungen gesucht werden muß (5, 6).

Die Hydroxylierung von 6-N-Trimethyl-L-lysin und von γ-Butyrobetain stellt Schritte bei der Biosynthese von Karnitin aus Lysin dar. Auch hierbei ist der Wirkungsmechanismus von Ascorbinsäure noch unklar und beruht möglicherweise auf der Reduktion des Eisens. Man kann deshalb vermuten, daß die Muskelschwäche bei Skorbut auf Karnitinmangel zurückzuführen ist.

3. Beteiligung an mikrosomalen Hydroxylierungen. Mikrosomale Hydroxylierungsreaktionen spielen eine wesentliche Rolle beim Stoffwechsel und bei der Inaktivierung vieler Arzneimittel und Gifte. Bei skorbutischen Meerschweinchen ist beispielsweise die Schlafzeit nach Evipan deutlich verlängert (5). Die eingeschränkte mikrosomale Hydroxylierung läßt sich auf eine Abnahme des Zytochrom P_{450}-Gehaltes der Leber zurückführen (5, 26).

Wahrscheinlich beruht die verringerte 7α-Hydroxylierung von Cholesterin (Schritt bei der Umwandlung in Gallensäuren) und damit die Anhäufung von Cholesterin im Skorbut bzw. umgekehrt die Cholesterin-senkende Wirkung von Ascorbinsäure auf dem gleichen Mechanismus (10).

4. Weitere Wirkungen von Ascorbinsäure. Ascorbinsäure ist weiterhin an verschiedenen Reaktionen beteiligt:

a) *Einfluß auf den Eisenstoffwechsel:* Ascorbinsäure begünstigt die Resorption von nicht-Häm-Eisen durch Reduktion zu Fe^{2+}; dazu muß das Vitamin in Mengen von 25–75 mg oder mehr gleichzeitig mit der Mahlzeit aufgenommen werden (12). Es gibt aber auch postresorptive Effekte von Ascorbinsäure auf den Eisenhaushalt. Im Skorbut findet man eine Verlagerung von Gewebseisen in die Milz, der Gehalt an Ferritin-Eisen nimmt dabei ab, die Hämosiderinkonzentration steigt dramatisch an. Neuerdings wurde gezeigt, daß Ascorbinsäure die Stabilität von intrazellulärem Ferritin erhöht und seine Phagozytose in den Lysosomen mit Umwandlung zu Hämosiderin, dessen Eisen nur schwer verfügbar ist, verhindert (23).

b) *Hemmung der Nitrosaminbildung:* Ascorbinsäure hemmt wirksam die Nitrosaminbildung aus Nitrit und sekundären Aminen (15). Nitrosamine sind hepatotoxische, karzinogene Verbindungen.

c) *Wirkung auf das Immunsystem und Interferon:* Eine Reihe von Beobachtungen sprechen dafür, daß Ascorbinsäure verschiedene Aspekte der Immunantwort beeinflußt und die Bildung von Interferon stimuliert (8). Über die Mechanismen ist noch nichts bekannt.

d) *Eingriff in endokrine Regelsysteme:* Neuere Befunde zeigen, eine Erhöhung des Kortisolspiegels infolge von Ascorbinsäuremangel. Erhöhte Ascorbinsäurekonzentrationen führen zu einem Anstieg der Schilddrüsenhormone (5). Diese Befunde könnten möglicherweise den Kollagenmangel im Skorbut erklären, da Kortisol eine katabole Wirkung auf das Bindegewebe hat. Umgekehrt könnten vielleicht die gelegentlichen Präventiverfolge hoher Ascorbinsäuredosen bei Erkältungskrankheiten durch den gesteigerten Energieumsatz erklärt werden.

Stoffwechsel

Ascorbinsäure wird im Duodenum und im proximalen Teil des Jejunums durch einen aktiven Transportmechanismus mit Sättigungskinetik resorbiert (30). Im physiologischen Bereich der Zufuhr (bis 180 mg/Tag) werden 80–90 % der angebotenen Ascorbinsäure resorbiert (18). Bei steigenden Dosen nimmt die Resorptionsrate ab auf 49,5 % bei einer Dosis von 1,5 g bzw. 16 % bei einer Verabreichung von 12 g (19). Extrapoliert man auf die Zufuhr unendlich, so ergibt sich ein Resorptionsmaximum von etwa 3 g (Kübler, pers. Mitt.). Dies sollte bei der Diskussion über Megavitamindosen bedacht werden. Die renale Ausscheidung von Ascorbinsäure steigt dann an, wenn der Blutspiegel 1,2–1,8 mg/100 ml erreicht hat (33).

Im Blutserum überwiegt die reduzierte Form der Ascorbinsäure; nur bei verschiedenen Krankheiten oder bei Ascorbinsäuremangel liegt vermehrt Dehydroascorbinsäure vor.

Die Konzentrationen an Ascorbinsäure in den Organen sind sehr unterschiedlich. Die höchsten Konzentrationen finden sich in Nebennieren und Hypophyse. Der Hauptanteil der Reserven liegt wegen der größeren Gewebsmasse in Leber und Muskulatur (11).

Bei einer Zufuhr von 1–1,5 mg/kg und Tag beträgt der gesamte Ascorbinsäurepool 20–50 mg/kg Körpergewicht (33,4 ± 3 % pro kg fettfreies Körpergewicht), liegt also beim Erwachsenen zwischen 1,5 und 2 g. Bei Unterbrechung der Vitaminzufuhr werden 3 % (Bereich: 2,2–4,1 %) des Pools pro Tag abgebaut (Literaturübersicht bei 14).

Da Symptome des Skorbuts erst auftreten, wenn der Pool unter 300 mg abfällt, können selbst bei komplettem Ascorbinsäuremangel 2 Monate vergehen, bis das Defizit bemerkt wird.

Der Abbau von Ascorbinsäure verläuft über 2,3-Diketogulonsäure, deren Bildung aus Dehydroascorbinsäure irreversibel und speziesspezifisch ist. Während beim Meerschweinchen und bei der Ratte unter Decarboxylierung L-Xylonsäure und D-Lyxonsäure entstehen, wird Diketogulonsäure beim Menschen oxidativ zu Oxalsäure und L-Threonsäure aufgespalten. Diese Reaktion ist aber begrenzt. Ausscheidungsprodukte im Harn sind Ascorbinsäure, Dehydroascorbinsäure, Oxalsäure und in kleineren Mengen Ascorbinsäure-2-sulfat, Methylascorbat und 2-Ketoascorbitol (26).

Etwa 40 % der normalen täglichen Oxalatausscheidung von etwa 35 mg stammen aus dem Abbau der Ascorbinsäure. Mit höherer Ascorbinsäurezufuhr steigt die Umwandlung in Oxalat nur unwesentlich: Bei einer fünftägigen Belastung mit 10 g/Tag nahm die Oxalatausscheidung von 50 mg auf 87 mg/Tag zu (27).

Erfassung des Vitaminstatus

Folgende Tests können zur Ermittlung des Versorgungszustandes mit Ascorbinsäure dienen:

1. Der Belastungstest: Bei einer Sättigung der Gewebe erscheinen mehr als 80% der Dosis im Harn. Bei einem Defizit wird weniger ausgeschieden.
2. Die Ascorbinsäurekonzentration im Plasma: Sie beträgt bei Zufuhren von 60–75 mg/Tag etwa 0,75 mg/100 ml. Bei Werten über 1,2–1,4 mg/100 ml (Sättigung) steigt die renale Clearance steil an. Die ersten skorbutischen Symptome werden bemerkt, wenn der Plasmaspiegel unter 0,25 mg/100 ml fällt (13).
3. Der Ascorbinsäuregehalt der Leukozyten: Er beträgt im Normalfall 25–35 mg/100 g, oder 20–50 μg je 10^8 Zellen.

Bei der Beurteilung des Ascorbinsäuregehalts der Leukozyten ist jedoch zu beachten, daß Granulozyten nur etwa halb so viel Ascorbinsäure enthalten wie Lymphozyten. Verschiebungen innerhalb der Leukozytenpopulation wie bei einer frischen Granulozytose können daher einen Ascorbinsäuremangel vortäuschen (31). Bei einem echten Mangel sinkt auch die Serumkonzentration ab, so daß insbesondere dann, wenn der Einfluß von Streßzuständen auf den Ascorbinsäurebedarf untersucht werden soll, der Gehalt im Serum und in den Leukozyten bestimmt werden sollte.

Bedarf

Über den Bedarf an Ascorbinsäure besteht keine einheitliche Auffassung, weil verschiedenen Autoren unterschiedliche Überlegungen zugrunde legen. So beruht z. B. die Empfehlung von 30 mg/Tag darauf, daß man etwas mehr empfehlen sollte als notwendig ist um die typischen Symptome des Skorbuts zu vermeiden. Da jedoch bei Dosen, die gerade den Ausbruch des Skorbuts verhindern, bereits eine Abnahme von Cytochrom P-450 in der Leber, verringerte Metabolisierung verschiedener Pharmaka und eine Verstellung des Kortisolspiegels zu beobachten sind (5), kann man dieser Empfehlung nicht folgen.

Das andere Extrem ist die Empfehlung, Ascorbinsäuremengen zuzuführen, die zu einer Sättigung der Gewebe führen (über 150 mg/Tag). Gegen eine solche Empfehlung wäre der Einwand vorzubringen, daß bei Tieren, die Ascorbinsäure selbst herstellen können, keine Gewebssättigung vorliegt. Allerdings könnten andere Überlegungen für eine solche Zufuhr sprechen, die z. B. die Funktion der Ascorbinsäure als

Radikalfänger, die Hemmung der Nitrosaminbildung, die cholesterinsenkende Wirkung, die Stimulierung des Immunsystems, den günstigen Einfluß auf die körperliche Leistungsfähigkeit und andere Funktionen der Ascorbinsäure zugrunde legen (9). Wieder andere Autoren berechnen den Bedarf als die Menge, die erforderlich ist, um den Pool aufrecht zu erhalten, wobei allerdings verschiedene pharmakokinetische Untersuchungen zu unterschiedlichen Zahlen führen.

Der U.S. Food und Nutrition Board geht bei seinen Berechnungen davon aus, daß bei einem Pool von 1,5 g und einer Abbaurate von 4,1 % pro Tag 61,5 mg Ascorbinsäure pro Tag benötigt werden, um den Poolbestand zu erhalten. Kallner et al. (18) schätzen aus pharmakokinetischen Untersuchungen den Bedarf auf etwa 100 mg/Tag. In Tabelle 16a und b sind die Empfehlungen für die Ascorbinsäurezufuhr der Deutschen Gesellschaft für Ernährung, sowie die RDA-Werte zusammengestellt.

Tabelle 16a. Empfehlungen für die Ascorbinsäurezufuhr (DGE 1985)

	Ascorbinsäure (mg/Tag)
Säuglinge	
0– 2 Monate	40
3– 5 Monate	45
6–11 Monate	50
Kinder	
1– 3 Jahre	55
4– 6 Jahre	60
7– 9 Jahre	65
10–12 Jahre	70
13–14 Jahre	75
Jugendliche und Erwachsene	75
Schwangere ab 4. Monat	+ 25
Stillende	+ 50

Eine Reihe von Umständen kann den Ascorbinsäurebedarf steigern. Dazu gehören in erster Linie:
- körperlicher Streß (27),
- Schweißverluste (20),
- die Einwirkung von Arzneimitteln wie z. B. Acetylsalizylsäure, die Resorption und Aufnahme von Ascorbinsäure in die Zellen hemmt (2), sowie
- das Rauchen.

Bei Zigarettenrauchern findet man je nach Anzahl der täglich konsumierten Zigaretten um 25–40% erniedrigte Ascorbinsäurespiegel (16, 18, 25). Frankreich hat daraus die Konsequenz gezogen, die Empfehlungen zur Ascorbinsäurezufuhr für Raucher auf 120 mg/Tag festzulegen (1).

Tabelle 16b. Empfehlungen für die Ascorbinsäurezufuhr (RDA 1980)

	Ascorbinsäure (mg/Tag)
Säuglinge 0– 1 Jahr	35
Kinder 1–10 Jahre	45
Jugendliche 11–14 Jahre	50
Jugendliche über 14 und Erwachsene	60
Schwangere	+ 20
Stillende	+ 40

Zur Frage hoher Ascorbinsäurezufuhren

In jüngerer Zeit hat eine Schrift von Pauling (24) großes Aufsehen erregt, in der betont wird, daß Erkältungskrankheiten durch Ascorbinsäuremengen von 1 bis mehrere Gramm täglich verhütet bzw. geheilt werden könnten. Eine kritische Übersicht zur Wirksamkeit von Ascorbinsäure bei Erkältungskrankheiten in 37 Untersuchungen aus verschiedenen Ländern zeigt, daß etwa bei der Hälfte der Probanden positive, wenn auch keineswegs dramatische Effekte beobachtet wurden. Die anderen Personen zeigten aber keine Wirksamkeit (21). Man muß bedenken, daß solche Untersuchungen extrem schwer durchzuführen sind, weil zahlreiche weitere Variablen, die sich kaum vollständig ausschalten lassen, mit in die Untersuchungen eingehen, so daß die Aussagekraft der Ergebnisse schwer zu beurteilen ist. Eine dieser Variablen ist die Stoffwechsellage der Probanden, die bisher nie berücksichtigt wurde (siehe Zitat 5, Seite 83).

Mangelerscheinungen

Bei Skorbut beobachtet man Symptome, die vor allem die mesenchymalen Gewebe betreffen:

Gingivitis mit Hypertrophie des Zahnwalls, Hämorrhagien am ganzen Körper, Hämaturie, Melänie, Metrorrhagien, subperiostale Blutungen, Blutungen in der Muskulatur und Schmerzen in den Extremitäten.

Die Resistenz gegen Infektionen läßt stark nach. Infolge der Störung der Kollagenbildung beobachtet man im Skorbut eine verzögerte Wundheilung, ferner typische Veränderungen an den Zähnen wegen mangelhafter Dentinbildung. Die Odontoblasten weisen morphologische Veränderungen auf und produzieren anstelle des normalen Dentins eine spongiöse Masse. In gleicher Weise ist die Knochenbildung betroffen, was sich u. a. in einer verschlechterten Kallusbildung bei der Heilung von Frakturen äußert. Eine besondere Ausprägung des Skorbuts bei mit Kuhmilch ernährten Säuglingen (Kuhmilch enthält wesentlich weniger Ascorbinsäure als Frauenmilch) wird als Möller-Barlow-Erkrankung bezeichnet. Hier stehen Störungen der Knochenbildung im Vordergrund.

Literatur

1. Apports nutritionelles conceilles pour la population française; France (1981) Technique et Documentation. Paris
2. Basu TK (1982) Vitamin-C-aspirin interactions. Int J Vit Nutr Res Suppl 23: 83–90
3. Bauernfeind JC (1985) Antioxidant function of L-ascorbic acid in food technology. In: Hanck A, Hornig D (eds) Vitamins, Nutrients and therapeutic agents. Int J Vit Nutr Res, Suppl 27: 307–333
4. Degkwitz E, Schneider W, Staudinger H (1965) Ascorbinsäure. In: Lang K (Hrsg) Wiss Veröffentlichungen der Dtsch Ges für Ernährung, 14, Steinkopff, Darmstadt, S 17–60
5. Degkwitz E (1985) Neue Aspekte der Biochemie des Vitamin C. Z Ernährungswiss 24: 219–230
6. Englard S, Seifter S (1986) The biochemical functions of ascorbic acid. Ann Rev Nutr 6: 365–406
7. Fidanza A, Audisio M, Mastroiacovo P (1982) In: Hanck A (Hrsg) Vitamin C. Huber, Bern, S 153
8. Friedrich W (1987) Handbuch der Vitamine. Urban und Schwarzenberg, München, Wien, Baltimore, S 628
9. Gerster H (1987) Human vitamin C requirements. Z Ernährungswiss 26: 125–137
10. Ginter E (1977) Vitamin C and Cholesterol. In: Hanck A, Ritzel G (eds) Re-evaluation of vitamin C. Huber, Bern, Stuttgart, Wien, pp 53–66
11. Ginter E (1979) World Rev Nutr Diet 33: 104
12. Hallberg L (1985) The role of vitamin C in improving the critical iron balance situation in women. Int J Vit Nutr Res, Suppl 27: 177–187

13. Hodges RE, Hood J, Canham JE, Sauberlich HE, Baker EM (1971) Clinical manifestation of ascorbic acid deficiency in man. Am J Clin Nutr 214: 432–443
14. Hornig D (1975) Stoffwechsel und Bedeutung des Vitamin C in der menschlichen Ernährung. Bibl Nutr Diet 21: 119–136
15. Hornig D (1975) Metabolism of ascorbic acid. World Rev Nutr Diet 23: 225–258
16. Hornig DH, Glatthaar BE (1985) Vitamin C and smoking: increased requirement of smokers. In: Hanck A, Hornig D (eds) Vitamins. Nutrients and therapeutic agents. Int J Vit Nutr Res, Suppl 27: 139–155
17. Hume R, Vallance B, Weyers E (1977) Ascorbic acid and stress. Int J Vit Nutr Res, Suppl 16: 89–98
18. Kallner A, Hartmann D, Hornig D (1979) Am J Clin Nutr 32: 530
19. Kallner A, Hartmann D, Hornig D (1977) Int J Vit Nutr Res 47: 383
20. Kübler W, Gehler J (1970) Int J Vit Nutr Res 40: 442
21. Mommadov S, Grafova VA (1983) Daily diet and ascorbic acid intake in man during work in the arid zone. Human Physiol 9: 224–228
22. Nobile S, Woodhill JM (1981) Vitamin C. The mysterious redox-system a trigger of life? MTP Press Ltd, Lancaster, Boston, The Hague
23. Nuctrition Reviews (1986) An ascorbate shuttle drives catecholamine formation by adrenal chromaffin granules. Nutr Rev 44: 248–250
24. Nutrition Reviews (1987) Vitamin C stabilizes ferritin: New insights into iron-ascorbate interactions. Nutr Rev 45: 217–218
25. Pauling L (1972) Vitamin C und der Schnupfen. Verlag Chemie, Weinheim
26. Pelletier O (1975) Vitamin C and cigarette smokers. Ann NY Acad Sci 258: 156–168
27. Sauberlich HE (1984) Ascorbic acid. In: Olson RE, Broquist HP, Chichester CO, Darby WJ, Kolbye AC jr., Stalvey RM (eds) Present Knowledge in Nutrition, 5th edn. The Nutrition Foundation Inc., Washington, D.C., pp 260–272
28. Schmidt KH, Hagmaier V, Hornig DH, Vuilleumier JP, Rutishauser G (1981) Amer J Clin Nutr 34: 305
29. Seib PA, Tolbert BM (1982) Ascorbic acid, chemistry, metabolism and uses. Amer Chem Soc, Washington, D.C.
30. Tannenbaum SR, Mergens W (1980) Ann NY Acad Sci 355: 267
31. Toggenburger G, Landolt M, Semenza G (1979) Na^{+}-dependent, electroneutral L-ascorbate transport across brush border membrane vesicles from human small intestine. FEBS-Letters 108: 473–476
32. Valance BD, Hume R, Weyers E (1978) British Heart Journal 40: 64
33. Weber H, Weis W, Staudinger HJ (1969) Zur Stöchiometrie des mikrosomalen Elektronentransports auf Semidehydro-L(+)ascorbinsäure. Z Physiol Chem 350: 1176
34. Wintermeyer U (1981) Vitamin C, Entdeckung, Identifizierung und Synthese, heutige Bedeutung in Medizin und Lebensmitteltechnologie. Deutscher Apotheker Verlag, Stuttgart

3. Fettlösliche Vitamine

Wie schon in einem früheren Kapitel erwähnt, läßt sich für die fettlöslichen Vitamine kein einheitlicher Wirkungsmechanismus aufzeigen. Vitamin D kann als Hormonvorstufe angesehen werden. Vitamin A wirkt teils hormon-, teils coenzymähnlich. Vitamin K kann als Cofaktor bei enzymatischen Carboxylierungsreaktionen angesehen werden, und bei Vitamin E kennt man außer seinen antioxidativen Eigenschaften keinen detaillierten Wirkungsmechanismus. Aus diesem Grund läßt sich für die fettlöslichen Vitamine keine einheitliche Gliederung aufstellen wie bei den B-Vitaminen. Insbesondere sind Stoffwechsel, Transport und Wirkung so eng verzahnt, daß sie sich kaum trennen lassen.

3.1 Vitamin A

Chemie, Vorkommen, Eigenschaften

Vitamin A ist eine generische Bezeichnung für alle Retinoide, die qualitativ die biologische Aktivität von all-trans-Retinol aufweisen (8). Im engeren Sinn versteht man unter Vitamin A das all-trans-Retinol, einen Alkohol, der aus 5 Isoprenresten aufgebaut ist, von denen die beiden endständigen zu einem β-Iononring kondensiert sind. Den entsprechenden Vitamin-A-Aldehyd bezeichnet man als Retinal (auch Retinaldehyd), die Säure als Retinsäure.

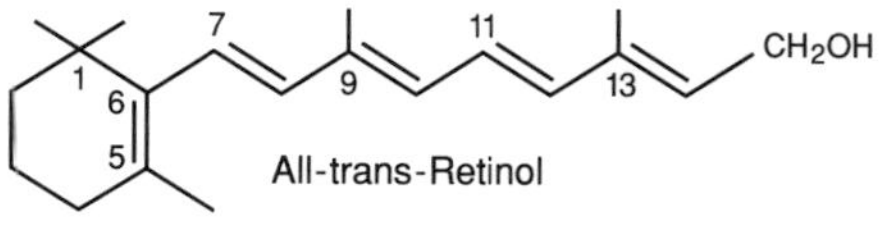

All-trans-Retinol

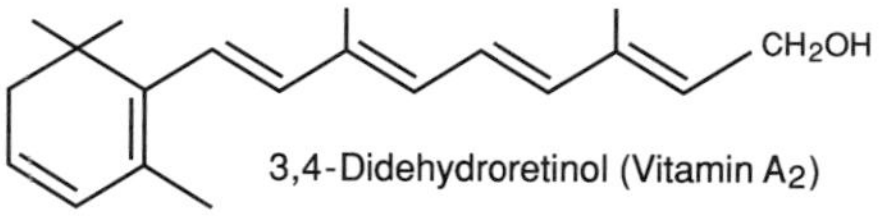

3,4-Didehydroretinol (Vitamin A_2)

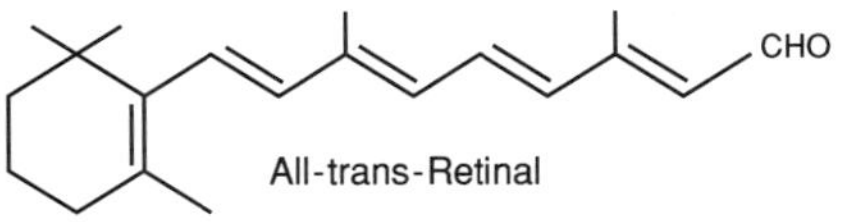

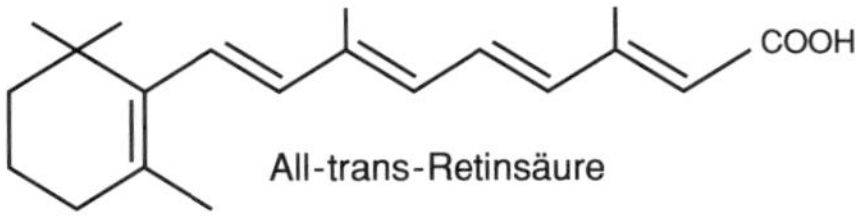

Von diesen Stammverbindungen abgeleitete Derivate, auch synthetisch hergestellte Verbindungen, die nicht in der Natur vorkommen, bezeichnet man als Retinoide. (Zu Einzelheiten der Nomenklatur siehe (8).

Diese IUPAC-Definition der Retinoide, die Retinol miteinschließt, ist zwar *chemisch* korrekt, wird aber biologischen und pharmakologischen Aspekten nicht gerecht. Deshalb nimmt man in der Ernährungswissenschaft und der Biologie eine andere Einteilung vor: Der *biologische* Vitamin-A-Begriff umfaßt lediglich Retinol und seine Ester. Nur diese Verbindungen entfalten das volle Spektrum der Vitamin-A-Wirkungen (siehe Wirkungen und Wirkungsmechanismus), weil sie metabolisch in Retinal und Retinsäure umgewandelt werden können. Retinsäure dagegen kann nicht zu Retinal und Retinol reduziert werden. Unter Retinoiden versteht man dann im biologischen Sinn Retinsäure und ihre natürlichen und synthetischen Derivate, die andere Wirkungen und eine andere Toxikologie haben als Retinol.

Wegen dieser unterschiedlichen Terminologie kann es zu Mißverständnissen kommen, insbesondere wenn es um pharmakologische oder toxikologische Wirkungen von „Retinoiden" geht. Deshalb muß in solchen Fällen klargestellt werden, von welcher konkreten Verbindung die Rede ist.

Retinol findet man nur in Tieren – mit höchster Konzentration in der Leber – und in tierischen Produkten wie Fett, Milch und Eiern. Süßwasserfische enthalten 3,4-Didehydroretinol (Vitamin A_2), welches die gleiche biologische Aktivität hat wie Retinol.

In der Pflanzenwelt kommt Vitamin A nicht vor. Hier finden sich die Carotinoide, die Provitamine, aus denen im Tier Retinol entsteht.

Die Synthese der Carotinoide in Pflanzen verläuft wie die Cholesterinsynthese im Tier über Isopentenylpyrophosphat bis zum Farnesylpyrophosphat (C-15). Dann wird jedoch ein weiterer Isoprenrest ankondensiert, so daß eine C-20-Einheit entsteht, die mit einer weiteren zu

C-40 kondensiert wird. Carotinoide enthalten also 8 Isoprenreste. Die kettenendständigen Isoprenreste können zu Iononringen kondensieren. Nur solche Carotinoide sind als Provitamine wirksam, die einen β-Iononring enthalten.

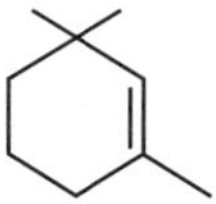

β-Iononring

Die Carotinoide haben auf Grund ihrer zahlreichen konjugierten Doppelbindungen eine gelbe bis rötliche Farbe.

Gegenwärtig sind einige hundert verschiedene Carotinoide bekannt. Man schätzt, daß von der Pflanzenwelt im Jahre etwa 100 Millionen Tonnen Carotinoide produziert werden. Infolge ihrer Wasserunlöslichkeit finden sich die Carotinoide ausschließlich in den Fettphasen.

Man kennt etwa 50 Verbindungen aus der Carotinoidfamilie mit Vitamin-A-Wirksamkeit (13).

Die wichtigsten Provitamine A sind α-Carotin, β-Carotin und γ-Carotin. Weitere Provitamine sind u.a. Kryptoxanthin, Torulin und Echinenon. Die genannten Provitamine enthalten in ihrer offenen C-Atomkette 9 konjugierte Doppelbindungen und zwar in der all-trans-Form. Da β-Carotin zwei β-Iononringe enthält, kann es als Provitamin doppelt so aktiv sein wie die anderen Provitamine. Dies hängt allerdings vom Mechanismus der Umwandlung – zentrale Spaltung oder sukzessive Verkürzung – in das Vitamin ab (s. u.).

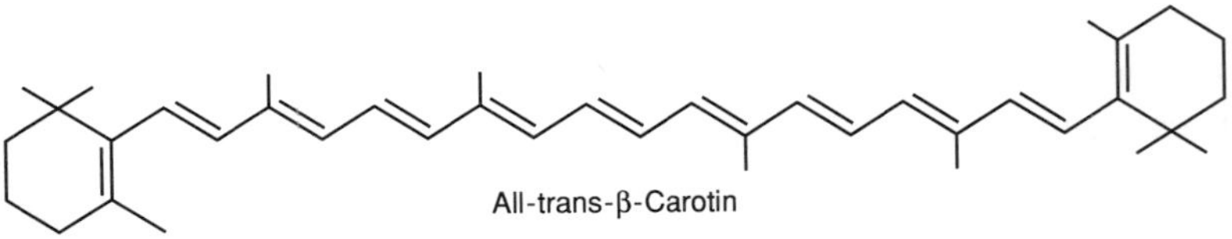

All-trans-β-Carotin

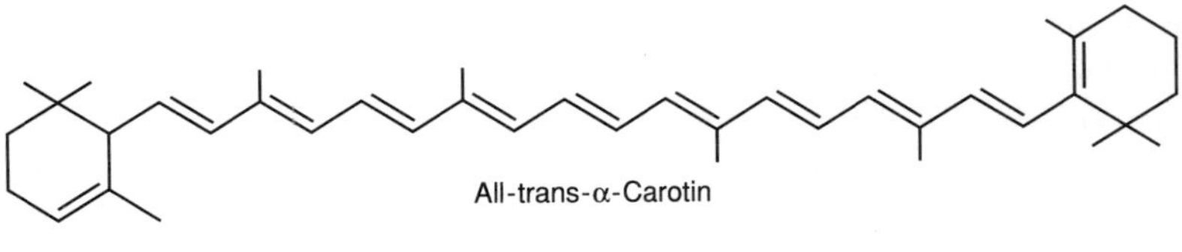

All-trans-α-Carotin

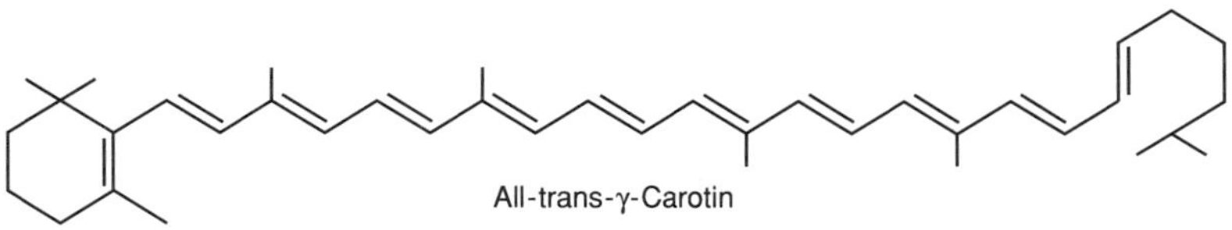

All-trans-γ-Carotin

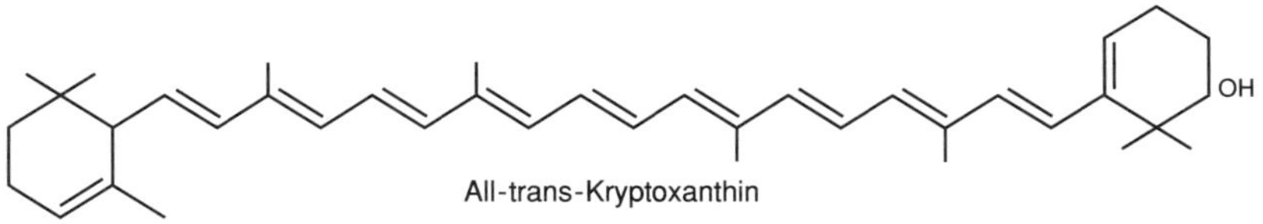

All-trans-Kryptoxanthin

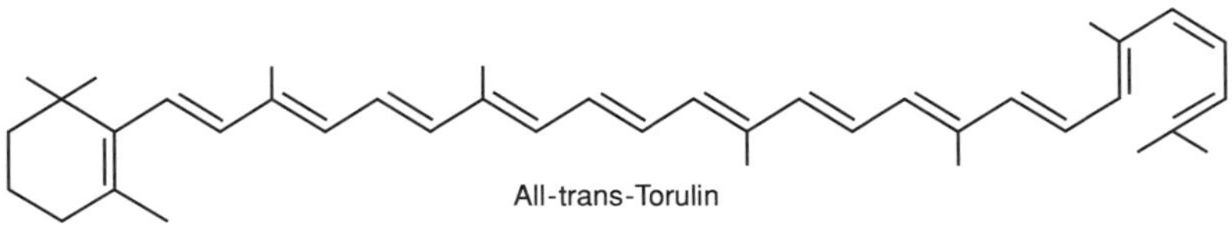

All-trans-Torulin

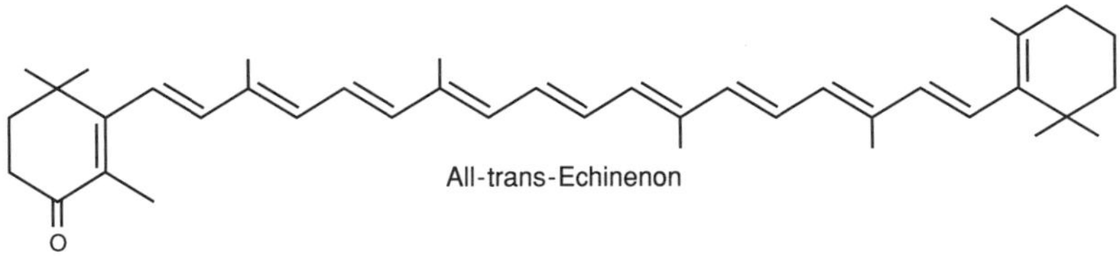

All-trans-Echinenon

Retinol und seine Provitamine sind empfindlich gegenüber Säuren, Licht und Sauerstoff, so daß bei der Aufbewahrung und Zubereitung von Lebensmitteln beträchtliche Verluste auftreten können. Vitamin E kann Retinol und Carotinoide vor Oxidation schützen.

Stoffwechsel

Resorption. Retinol wird überwiegend in Form von Retinylestern mit der Nahrung aufgenommen, die bei der Verdauung aufgespalten werden. Zur effizienten Resorption von Retinol werden Gallensalze, Fett und Vitamin E benötigt. Bei physiologischen Konzentrationen (bis 150 nmol/l) folgt die Resorption einer Sättigungskinetik, unabhängig von der Energiezufuhr, entsprechend einer Carrier-vermittelten passiven Diffusion (13). Pharmakologische Konzentrationen (450–2700 nmol/l) führen zu einer Resorption durch passive Diffusion.

Für die Resorption von Carotinoiden ist die Gegenwart von Fett und Gallensalzen zur Mizellenbildung erforderlich. Die Resorption erfolgt durch passive Diffusion und hängt daher vom Konzentrationsgradienten ab, der durch die teilweise Umwandlung der Carotinoide in Retinol in den Mucosazellen begünstigt wird.

Diese Umwandlung kann durch zentrale oxidative Spaltung oder durch sukzessive oxidative Kettenverkürzung von einem Ende her erfolgen. Die zentrale Spaltung wird katalysiert durch eine 15,15'-Dioxygenase in der Darmschleimhaut (in geringerer Aktivität auch in der Leber) und benötigt molekularen Sauerstoff und Fe^{2+}. Auf diesem Weg entstehen aus β-Carotin zwei Mol Retinal, aus Carotinoiden mit nur einem β-Iononring ein Mol Retinal, welches durch eine Dehydrogenase mit NADH zu Retinol reduziert wird.

Die sukzessive oxidative Verkürzung der Kohlenstoffkette führt über die immer kürzer werdenden Apocarotinale bis zum Retinal (Abb. 13). Bei diesem Mechanismus kann auch aus β-Carotin nur ein Retinal entstehen. Da nicht bekannt ist, in welchem Umfang dieser Weg beschritten wird, ist die theoretische Umrechnung von β-Carotin auf Vitamin-A-Aktivität mit Unsicherheiten behaftet.

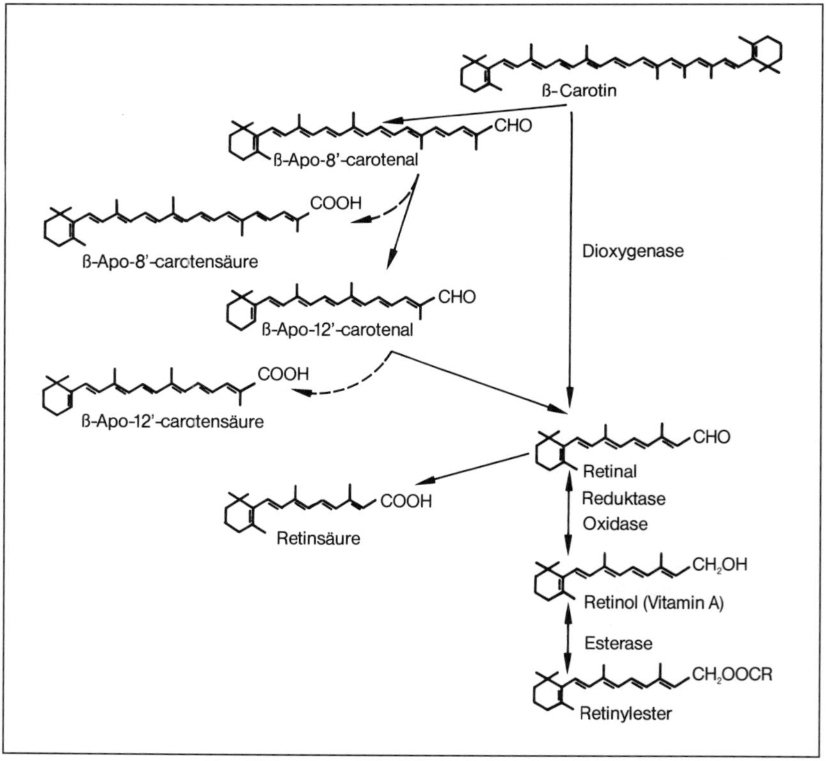

Abb. 13. Spaltung von β-Carotin in den Mucosazellen zu Retinal und Bildung von Retinol.

Das Ausmaß der Resorption von Carotinoiden ist stark abhängig von der Anwesenheit von Fett, Gallensalzen, Vitamin E, der Freisetzung aus den Lebensmitteln u. a. Die Resorptionsrate von β-Carotin beträgt beim Menschen etwa 12%, davon werden 60–70% in Retinylester umgewandelt und 20–30% gelangen unverändert als β-Carotin in den Kreislauf (13). Die Umwandlung in Retinol ist also begrenzt durch die Resorptionsrate, die intestinale Spaltung und die Aktivität der Veresterung von Retinol. Daher läßt sich eine Hypervitaminose A nur durch Retinolzufuhr, nicht aber durch Carotinoide erzeugen.

Der auf den Lymphweg abtransportierte Anteil unveränderter Carotinoide verursacht die gelbe Farbe von Serum und Körperfett. In der Leber kann ein gewisser Teil – über Retinal – in Retinolmoleküle gespalten werden, aber die Aktivität der Dioxygenase ist in der Leber wesentlich geringer als in der Darmmucosa.

Speicherung und Transport von Retinol. Präformiertes oder durch Carotinoidspaltung entstandenes Retinol wird in den Mucosazellen vorwiegend mit Palmitinsäure verestert und in die Chylomikronen eingebaut. Aus den Chylomikronen-Remnants nimmt die Leber die Retinylester auf, um sie zu hydrolysieren und als Retinol zu speichern (Abb. 14).

Die Leber enthält zwei Retinolpools, einen Kurzzeitspeicher in den Parenchymzellen und einen Langzeitspeicher in perisinusoidalen Stellatumzellen (2, 13). Die Aufnahme der Retinylester erfolgt zuerst durch die Parenchymzellen. Die Ester werden hydrolysiert, an ein zelluläres retinolbindendes Protein (CRBP) gebunden und zur Langzeitspeicherung in die Stellatumzellen transportiert. Dieser Prozeß ist reversibel. Bei Bedarf und bei Vitamin-A-Mangel ohne vorherige Einspeicherung in die Stellatumzellen wird Retinol als 1:1 molarer Komplex an das Apoprotein RBP (apo-RBP) gebunden, das entstehende holo-RBP wird anschließend in das Blut sezerniert. Für diesen Prozeß scheint Zink erforderlich zu sein (9).

Im Blut wird dieser Komplex wiederum im Verhältnis 1:1 an Transthyretin (Präalbumin) gebunden und zu den Zielgeweben transportiert. Die Aufnahme in die Zielgewebe wird durch RBP-Rezeptoren vermittelt. Bei der Aufnahme von Retinol wird das apo-RBP abgelöst und unter Abspaltung des terminalen Arginins inaktiviert. Ein großer Teil des Retinol-RBP-Transthyretin-Komplexes (bis zu 80%) rezirkuliert zur Leber und kann sowohl von den Parenchymzellen als auch von den Stellatumzellen aufgenommen werden (2).

Der Plasmaspiegel an Retinol ist homöostatisch geregelt und bleibt in relativ engen Grenzen konstant (50–60 μg/dl), solange der Leber-

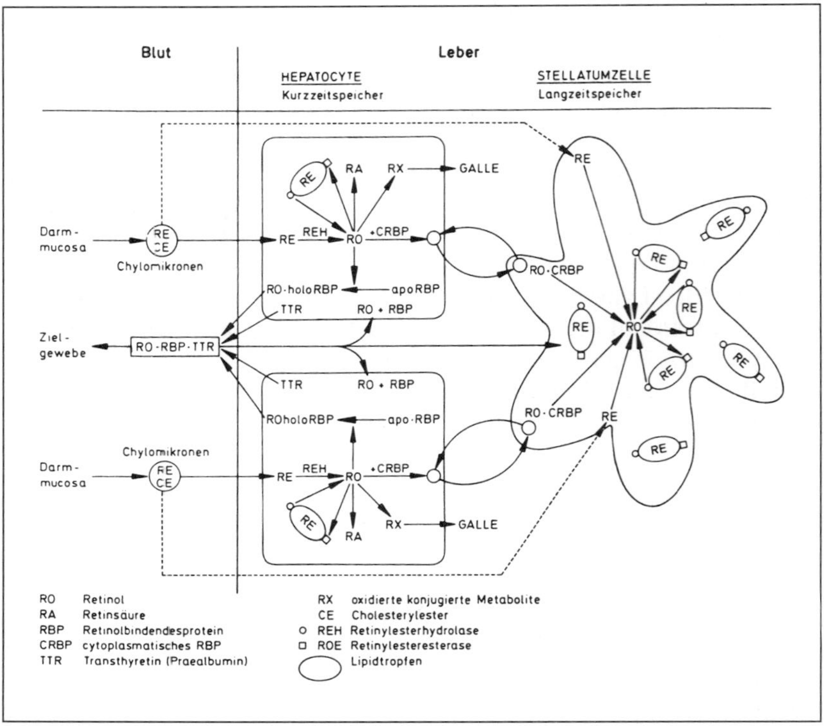

Abb. 14. Zweikompartimentsystem der Leberspeicherung, bestehend aus der Hepatozyte als Kurzzeitspeicher und der Stellatumzelle als Langzeitspeicher. Der Transport des Vitamin A von einem Kompartiment in das andere erfolgt gebunden an ein intrazytoplasmatisches Bindeprotein. (Nach 7)

speicher – normal 20–300 μg/g Leber – nicht unter 10 μg/g absinkt. Ein marginaler Vitamin-A-Mangel kann daher nicht am Plasmaspiegel erkannt werden. Auch bei Überdosierung steigt der Plasmaspiegel erst an, wenn die Speicherkapazität der Leber überschritten ist. Der größte Teil dieses Anstiegs besteht dann aus lipoproteingebundenen Retinylestern, so daß der Retinolanteil viel höher ist als der Anteil an RBP. Offenbar verhindert der Komplex zwischen Retinol und RBP eine zu hohe Retinolaufnahme in Membranen und ermöglicht eine gezielte Retinolabgabe an rezeptorhaltige spezifische Stellen. Zur Toxizität kommt es erst, wenn nicht RBP-gebundenes Retinol in höherer Konzentration im Blut zirkuliert. Die Homöostase des Blutspiegels wird durch die Signalhypothese erklärt, nach der die Zielgewebe ihren Retionalbedarf über Konzentrationsänderungen eines noch nicht identifizierten Stoffwechselproduktes des Retinols an die Leber melden (13).

Eine Verstellung des Retinolspiegels im Plasma kann durch verschiedene Einflüsse zustande kommen. Bei Proteinmangel kann die Synthese von RBP in der Leber eingeschränkt sein. Dadurch wird die Ausschleusung von Retinol begrenzt, und es kann zu peripherem Vitamin-A-Mangel bei vollem Leberspeicher kommen.

Östrogenhaltige orale Kontrazeptiva können den Retinol-RBP-Spiegel im Plasma nach oben verschieben (15). Die Niere spielt eine wesentliche Rolle im Stoffwechsel von Retinol. Ein Teil des Holoproteins RBP, der nicht an Präalbumin gebunden vorliegt, wird glomerulär filtriert und tubulär rückresorbiert. Dabei wird RBP abgebaut, während freigesetztes Retinol zur Leber rezirkuliert. Bei eingeschränkter glomerulärer Filtration kann es zu einem hohen Anstieg des Holoproteins RBP im Plasma kommen. Mit zunehmender Kreatininkonzentration (3 mg/dl) bleiben die RBP-Konzentrationen hinter der Retinolkonzentration zurück, so daß zunehmend freies Retinol im Plasma vorliegt (7), was bis zu toxischen Erscheinungen führen kann (19).

Bei verschiedenen Lebererkrankungen können niedrige Plasmaspiegel an Retinol vorkommen, was möglicherweise auf unzureichende RBP-Synthese und -Ausschleusung zurückzuführen ist. Chronischer Alkoholkonsum kann zur Entleerung der Leberspeicher und der peripheren Vitamin-A-Vorräte führen.

Intrazellulärer Stoffwechsel. Nach Aufnahme in die Zellen wird Retinol an ein spezifisches zytosolisches retinolbindendes Protein (CRBP) gebunden. Für Retinsäure gibt es retinsäurebindendes Protein (CRABP). Aus der Tatsache, daß die Konzentrationen von CRBP und CRABP während der Embryonalentwicklung unabhängige Änderungen durchlaufen, die offensichtlich mit den verschiedenen Phasen der Entwicklung gekoppelt sind, wird geschlossen, daß Retinol und Retinsäure aktive Formen eines Vitamins sind, die unterschiedliche Funktionen haben (3, 4).

Der Abbau von Retinol verläuft über biologisch aktive Metabolite zu inaktiven Ausscheidungsprodukten, die in Abb. 15 zusammengestellt sind (13).

Wirkungen und biochemische Funktionen

Vitamin A bzw. seine bekannten oder vermuteten aktiven Metabolite sind erforderlich für den Sehvorgang, für Fortpflanzung (Spermatogenese, plazentare und fetale Entwicklung) und für die Differenzierung von Epithel- und Knochengewebe.

Die drei Stammverbindungen mit Vitamin-A-Wirksamkeit, Retinol, Retinal und Retinsäure haben z.T. unterschiedliche Funktionen. *Retinol* kann alle Aufgaben erfüllen, da es reversibel in Retinal und irreversibel in Retinsäure umgewandelt werden kann. *Retinal* ist am Sehvorgang beteiligt, während *Retinsäure* – außer beim Sehvorgang und bei der Spermatogenese – alle Vitaminfunktionen wie auch Retinol erfüllt.

Bei allen Unsicherheiten über die Wirkungsweise von Vitamin A zeichnen sich doch drei Funktionsschwerpunkte ab:

- Die Funktion beim Sehvorgang;
- Wirkungen auf Wachstum, Proteinsynthese und Zelldifferenzierung durch nukleäre Effekte, vermutlich auf der Ebene der Transskription
- Wirkungen auf Zelloberflächen durch Regulation der Glycosylierung spezifischer Glykoproteine.

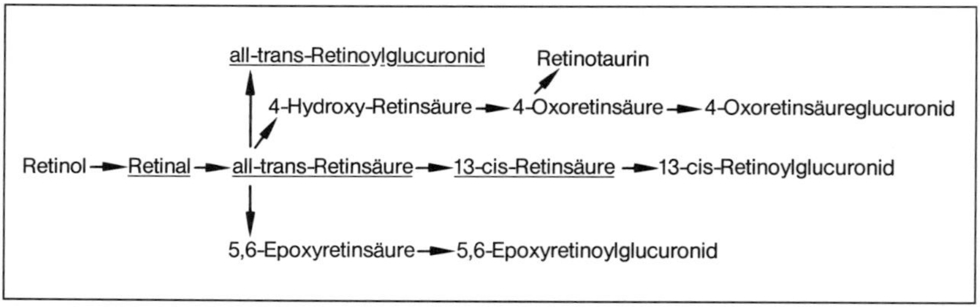

Abb. 15. Stoffwechselwege von Retinol, die zur Elimination führen. Die unterstrichenen Verbindungen gelten als aktive Metabolite oder werden als solche vermutet. (Nach 13)

Sehvorgang. Die Beteiligung von Vitamin A bei den Sehprozessen ist die gegenwärtig in ihren Zusammenhängen am besten überschaubare Funktion. Die Netzhaut der meisten Wirbeltiere enthält 2 Arten von Lichtrezeptoren: die Stäbchen und die Zapfen. Zapfen vermitteln das Sehen bei großen Lichtintensitäten und das Farbensehen, Stäbchen das Sehen bei geringen Lichtintensitäten (Dämmerungssehen). Beide enthalten lichtempfindliche Pigmente, die aus einer Proteinkomponente (Opsin) und Retinal (bzw. bei Fischen 3-Dehydroretinal) bestehen. Der Unterschied zwischen dem Sehpigment der Stäbchen (Rhodopsin) und dem der Zapfen (Jodopsin) besteht nur hinsichtlich der Proteinkomponente. Die sich während des Sehprozesses abspielenden biochemischen Prozesse sind für beide Pigmente dieselben.

Die auftreffenden Lichtquanten führen bei ihrer Absorption durch die Sehpigmente zu einer Isomerisierung des im Sehpigment enthaltenen 11-cis-Retinal zu all-trans-Retinal und durch die Streckung des Moleküls zur Spaltung in die beiden Komponenten. Das Opsin macht über kurzlebige Zwischenprodukte eine Reihe von Konformationsänderungen durch, die über Änderungen der Membranpermeabilität für Calcium zur Schließung der Natriumkanäle führen. Daraus entstehende Nervenimpulse werden im Gehirn verarbeitet (ausführliche Darstellung bei 6).

Die mit dem Vorgang verbundenen Umwandlungen der prosthetischen Gruppe und den Isomerisierungszyklus zeigt die Abb. 16 (18).

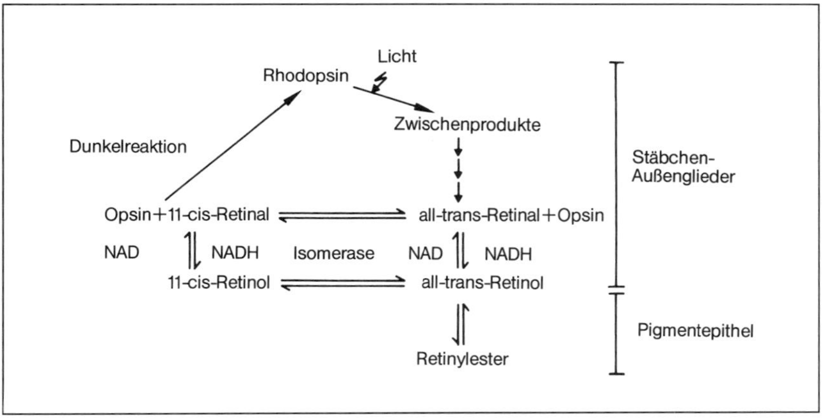

Abb. 16. Das Rhodopsinsystem mit dem Isomerisierungszyklus. (Nach 18)

Nukleäre Effekte. Eine der Hypothesen zur Wirkung von Vitamin A postuliert eine steroidhormonähnliche Wirkung auf die Genexpression im Zellkern. Diese Vorstellung stützt sich auf den Nachweis spezifischer retinolbindender Proteine sowohl im Zytosol als auch im Zellkern und auf die Tatsache, daß durch Retinoide bestimmte Enzyme und Proteine induziert werden wie z. B. Keratin und Kollagen in Zellkulturen, ferner Genprodukte, die in die Proliferation, Differenzierung und Kancerogenese eingeschaltet sind (6). Die RNA-Synthese in der Darmschleimhaut, dem Trachealepithel und den Testes ist im Vitamin-A-Mangel beeinträchtigt.

Wirkungen auf Zelloberflächen und Zellmembranen. Eine Reihe anderer Retinoidwirkungen betrifft die Zelloberfläche (Plasmamembran) sowie die Zellmembranen insgesamt. Retinsäure stimuliert die Bildung von „gap-junctions" (Zellverbindungen). Bei Zellkulturen im Vitamin-A-Mangel geht die Kontakthemmung des Wachstums verloren und kann durch Vitamin A, insbesondere durch Retinsäure wiederhergestellt werden. Retinsäure steigert die Bindung von Fibronectin an die Zelloberfläche, welche für die Adhäsion von Zellen erforderlich ist. Der gemeinsame Nenner bei diesen Wirkungen dürfte die Beteiligung an Glycosylierungsprozessen sein, wobei Retinoide die Synthese bestimmter Glykoproteine der Zelloberfläche stimulieren u. a. auch Rezeptoren. Eine mögliche Rolle beim Glycosyltransfer spielt die aus Retinylphosphat entstehende Retinylphosphatmannose. Ungeklärt ist dabei aber die Tatsache, daß Retinsäure, die keine Glycosylreste überträgt, die Übertragung von Mannose gleich gut oder sogar besser stimuliert als Retinol.

Im Vitamin-A-Mangel ist die Rückkoppelung der Schilddrüsenhormone auf die TSH-sezernierenden Zellen defekt, so daß es zu einer Hyperthyreose kommen kann. Möglicherweise liegt dieser Tatsache eine durch verringerte Glycoproteinsynthese gestörte Synthese der Rezeptoren für Schilddrüsenhormone an den TSH-sezernierenden Zellen zugrunde (12).

Nicht RBP-gebundenes Retinol kann leicht in biologische Membranen eindringen und ihre Eigenschaften verändern. Dies spielt bei der Hypervitaminose A eine Rolle. So wird die Stabilität der Lysosomen verringert, und es werden vermehrt Hydrolasen freigesetzt. Beispielsweise konnte die Störung des Sulfateinbaus in saure Glycosaminoglucane auf den gesteigerten Umsatz dieser Verbindungen unter der Wirkung lysosomaler Enzyme zurückgeführt werden (17). Für die Integrität der Lysosomenmembran ist offensichtlich ein ganz bestimmter Anteil an Vitamin A erforderlich, denn sowohl ein Mangel als auch eine Überdosierung fördern die Abgabe lysosomaler Enzyme. So wird es verständlich, daß sich manche Symptome des Mangels und der Überdosierung gleichen.

Ein einheitlicher Mechanismus der Vitamin-A-Wirkung besteht somit nicht, und viele Wirkungen der Retinoide müssen in ihrer Funktionsweise heute noch als ungeklärt angesehen werden.

Erfassung des Vitaminstatus

Die Erfassung marginaler Vitamin-A-Mangelzustände ist schwierig, weil der Blutspiegel einer homöostatischen Regelung unterliegt und erst absinkt, wenn die Leberspeicher fast entleert sind (siehe Seite 95/96). Außerdem haben die Angaben über bestimmte Plasmakonzentrationen bei Lebererkrankungen, Nierenerkrankungen und bei Östrogenbehandlung keine Aussagekraft. Serumanalysen, die neben Retinol auch Retinylester, RBP, Kreatinin und γ-Glutamyltransferase erfassen, sind besser zu beurteilen, weil dadurch Fehlschlüsse aufgrund von Leber- und Nierenerkrankungen vermindert und Hypervitaminosen besser erkannt werden können (7). Die eindeutigste Aussage erlauben Leberbiopsien. Diese Methode kann aber wegen ihres hohen Aufwandes nur in Ausnahmefällen angewandt werden.

Die Arbeitsgruppe von Underwood (10) entwickelte einen „relative dose response test", mit dem sich eine subklinische Vitamin-A-Versorgung feststellen läßt. Dabei wird der Anstieg des Retinolspiegels im Plasma, 5 Stunden nach einer Testdosis von Vitamin A, in Prozent des Ausgangsspiegels gemessen. Der Anstieg ist umso höher, je geringer die Leberreserven sind, weil bei Mangel an Vitamin A die Abgabe von RBP aus der Leber verringert ist, so daß es zu einer Anreicherung in der Leber kommt. Bei Zufuhr an Vitamin A kann dieses deshalb sehr rasch an RBP gebunden und ausgeschleust werden.

Bedarf

Der Bedarf an Vitamin A wird durch die Zufuhr von Retinol aus tierischen Produkten und von Carotinoiden aus pflanzlicher Nahrung gedeckt. Diesem Umstand wird Rechnung getragen durch die Einführung des „Retinoläquivalents", in das die mittlere Resorptionsrate der Carotinoide und die Effizienz ihrer Umwandlung in Retinol eingeht. Da es bei diesen Vorgängen große Schwankungen gibt, können diese Daten keinen Anspruch auf Genauigkeit erheben, sie stellen lediglich vereinfachende Schätzwerte dar.

Bei gemischter Kost setzt man 1 mg Retinoläquivalent gleich mit
1 mg Retinol
6 mg β-Carotin
12 mg andere Carotinoid-Provitamine.

Wie die Erfahrungen in Ländern mit Vitamin-A-Mangel zeigen, ist eine ausreichende Deckung des Vitamin-A-Bedarfs mit Carotinoiden allein kaum möglich.

Vielfach werden bei Dosierungsangaben noch internationale Einheiten benutzt. Dafür gelten folgende Umrechungsfaktoren:

1 IE Vitamin A entspricht 0,3 μg Retinol,
0,344 μg Retinylacetat,
0,535 μ Retinylpalmitat.

Die Empfehlungen für die Vitamin-A-Zufuhr sind in den Tabellen 17a und b zusammengestellt.

Tabelle 17a. Empfehlungen für die Vitamin-A-Zufuhr (DGE 1985)

	mg Retinoläquivalente pro Tag Männer (mg/Tag)	Frauen
Säuglinge		
0– 2 Monate	0,5	
3–11 Monate	0,6	
Kinder		
1– 3 Jahre	0,6	
4– 6 Jahre	0,7	
7– 9 Jahre	0,8	
10–12 Jahre	0,9	0,9
13–14 Jahre	1,1	1,0
Jugendliche und Erwachsene		
15–18 Jahre	1,1	0,9
über 18 Jahre	1,0	0,8
Schwangere ab 4. Monat		+0,3
Stillende		+1,0

Tabelle 17b. Empfehlungen für die Vitamin-A-Zufuhr (RDA 1980)

	mg Retinoläquivalente pro Tag Männer (mg/Tag)	Frauen
Säuglinge		
0 –0,5 Jahre	0,42	
0,5–1 Jahr	0,4	
Kinder		
1– 3 Jahre	0,4	
4– 6 Jahre	0,5	
7–10 Jahre	0,7	
Jugendliche und Erwachsene	1,0	0,8
Schwangere		+0,2
Stillende		+0,4

Mangelerscheinungen

Der Mangel an Vitamin A verursacht 4 verschiedene und wahrscheinlich physiologisch unterscheidbare Defekte:

1. Eine Erhöhung der Reizschwelle für Lichteindrücke und eine Verlangsamung der Adaptation an das Dämmerungsehen (Hemeralopie). Dies ist das früheste Symptom beim Vitamin-A-Mangel. Die verlangsamte Adaptation läßt sich adaptometrisch messen.
2. Störungen des Knochenwachstums mit übermäßigem Dickenwachstum und Defekten bei der Bildung der organischen Matrix.
3. Störungen der Fortpflanzung. Mangel an Vitamin A verursacht Atrophie der Testes und Ovarien. Bei trächtigen Tieren führt eine Vitamin-A-freie Nahrung zum Absterben und zur Resorption der Feten. Ein weniger schwerer Mangel hat Mißbildungen aller Art zur Folge.
4. Störungen im Wachstum und bei der Differenzierung epithelialer Gewebe. Diese Störungen führen bei Epithelzellen zu einer abnormen Keratinisierung und einer Verminderung der Sekretion. Die Verhornung der Korneazellen (Keratomalazie) führt zu Ulzerationen und Perforationen, die einen Verlust des Auges zur Folge haben können. Die Zellen der Konjunktiva verhornen ebenfalls, desgleichen das Epithel der Tränendrüsen (Xerophthalmie).
   Am Respirationstrakt führt die Keratinisierung zur Abnahme des Riechvermögens und zur Häufung von Bronchitiden und Bronchopneumonien infolge der Zerstörung des Flimmerepithels. Im Verdauungstrakt findet man Stomatitiden, Nachlassen der Speichel- und Magensaftsekretion, Verdauungs- und Resorptionsstörungen mit Durchfällen. Im Bereich der Gallenwege und des Urogenitaltrakts treten als Folge der vermehrt abschilfernden verhornten Epithelzellen häufig Steinbildungen auf.

Ein in seiner Ursache noch ungeklärtes aber sehr früh auftretendes Mangelsymptom ist die Zunahme des intrakraniellen Drucks durch verminderte Resorption des Liquor cerebrospinalis in den venösen Sinus.

Vitamin-A-Mangel ist die am meisten verbreitete Vitaminmangelkrankheit. Man schätzt, daß in den notleidenden Gebieten der Erde jährlich mindestens 250000 Kinder mit Xerophthalmie erblinden (15).

Hypervitaminose A

Im Gegensatz zu den wasserlöslichen Vitaminen kann Vitamin A in großen Mengen gespeichert werden, und die Ausscheidung ist durch die notwendige Umwandlung in exkretionsfähige Formen limitiert. So kann es bei Überdosierung zur Hypervitaminose kommen.

Insbesondere im Zusammenhang mit der therapeutischen Anwendung hoher Vitamin-A-Dosen z. B. bei der Behandlung der Xerophthalmie oder bestimmter Hauterkrankungen, sowie zur Unterstützung der Chemotherapie bestimmter Tumoren stellt sich die Frage nach der akuten und chronischen Toxizität von Vitamin A. Da sich bei oraler Verabreichung überhöhte Blutspiegel an nicht-RBP-gebundenen Retinylestern erst einstellen, wenn die Speicherkapazität der Leber überschritten ist, und der Zeitbedarf dazu nicht nur von der Dosis sondern auch von der bestehenden Speichersituation abhängt, lassen sich exakte Angaben über eine Sicherheitsgrenze bei der Zufuhr nicht machen. Legt man vorsichtigerweise Dosen zugrunde, bei denen in einigen Fällen über Symptome einer Hypervitaminose berichtet wurde, so liegt bei Kindern die akute Toxizität bei 22,5 – 90 mg Retinol und die chronische Toxizität – bei der allerdings auch die Dauer der Zufuhr zu berücksichtigen ist – bei 5,4 – 18 mg/Tag. Bei Erwachsenen liegt die akute Toxizität zwischen 600 und 1500 mg Retinol, und die chronische Toxizität kann sich bei Einnahme von 30 mg/Tag nach längerer Zeit manifestieren (14).

Die ersten Symptome einer Hypervitaminose sind Übelkeit, Erbrechen, Kopfschmerzen, eine Zunahme des intrakraniellen Drucks mit entsprechenden Hirndrucksymptomen, trockene Haut und Schleimhäute mit Abschälung der Haut (in bestimmten Fällen therapeutisch gewünscht). Diese Symptome bilden sich nach Absetzen des Vitamins rasch zurück. Bei längerer Überdosierung kommen Knochen- und Gelenkschmerzen, ein beschleunigter Knochenabbau bis hin zu Spontanfrakturen, Muskelschmerzen, abdominale Schmerzen, eine vergrößerte Milz und eine Anämie mit Leukopenie hinzu.

Die Frage nach der Teratogenität von Vitamin A während der Schwangerschaft ist schwer zu beantworten. Die Anzahl von Fällen teratogener Schädigung, die möglicherweise mit Vitamin-A-Supplementierung in Verbindung gebracht werden können, ist sehr gering. Bei diesem unbefriedigenden Kenntnisstand müssen die Empfehlungen für eine zusätzliche Vitamin-A-Supplementierung während der Schwangerschaft jedoch sehr niedrig angesetzt werden. Zulagen von 2,4 (1, 16) bis 3 (5) mg Retinoläquivalenten pro Tag werden als ausreichend angesehen. Zu bedenken ist allerdings, daß Vitamin-A-Mangel in der Schwangerschaft ebenfalls teratogene Folgen haben kann.

Durch Carotinoide kann eine Hypervitaminose A nicht ausgelöst werden, weil die Resorption der Carotinoide und ihre Umwandlung in Retinol begrenzt ist.

Literatur

1. The American College of Obstetritians and Gynecologists (1987) ACOG Comittee Statement. Vitamin A Supplementation During Pregnancy. One East Wacker Drive, Suite 2700, Chicago, I11
2. Blomhoff R (1987) Hepatic retinol metabolism: Role of the various cell types. Nutr Rev 45: 257–263
3. Chytil F, Ong DE (1979) Cellular retinol and retinoic acid binding proteins in vitamin A action. Fed Proc 38: 2510–2514
4. Chytil F, Ong DE (1981) Cellular vitamin A binding protein. Vitam Horm 36: 1–34
5. Council for Responsible Nutrition (1987) Benefits of Nutritional Supplements. Washington, D.C.
6. Friedrich W (1987) Handbuch der Vitamine. Urban u. Schwarzenberg, München, Wien, Baltimore
7. Gerlach Th, Biesalski HK, Bässler KH 1988) Serum-Vitamin-A-Bestimmungen und ihre Aussagekraft zum Vitamin-A-Status. Z Ernährungswiss 27: 57–70
8. IUPAC-IUB Joint Commission on Biochemical Nomenclature (JCBN) (1982) Nomenclature of Retinoids. Recommendations 1981. Eur J Biochem 129: 1–5
9. Jalevy L, Sklan D (1986) Effect of copper and zinc depletion on vitamin A and triglyceride metabolism in chick liver. Nutrition Reports International 33: 723–727
10. Loerch JD, Underwood BA, Lewis KC (1979) Response of plasma levels of vitamin A as an indicator of hepatic vitamin A reserves in rats. J Nutr 109: 778–786
11. McLaren DS (1984) Vitamin A deficiency and toxicity. In: Present Knowledge in Nutrition, 5th edn. The Nutrition Foundation Inc., Washington D.C., pp 192–208
12. Nutrition Reviews (1979) Vitamin A and the tyroid. Nutr Rev 37: 90–91
13. Olson JA (1984) Formation and function of vitamin A. In: Porter JW, Spurgeon SL (eds). Biosynthesis of Isoprenoid Compounds, Vol 2. John Wiley, New York pp 371–412
14. Omaye ST (1984) Safety of megavitamin therapy. Adv Exp Med Biol 177: 169–203
15. Supopark W, Olson JA (1975) Effect of Ovral, a combination type oral contraceptive agent, on vitamin A metabolism in rats. Int J Vit Nutr Res 45: 113–123
16. Teratology Society Position Papier (1987) Vitamin A during pregnancy, Recommendations for vitamin A use during pregnancy. Teratology 35: 268–275
17. Thomas DB, Pasternak CA (1969) Vitamin A and the biosynthesis of sulphated mucopolysaccharides. Biochem J 111: 407–412
18. Wald G (1968) Angew Chemie 80: 857
19. Webb W (1979) Vitamin A toxicity in hemodialysis patients. Int J Artif Organs 2: 178–180

3.2 Vitamin D

Chemie und Vorkommen

Die D-Vitamine leiten sich von den Steroiden ab. Sie entstehen durch UV-Bestrahlung entsprechender Provitamine. In der Natur kommt fast ausschließlich das Vitamin D_3 (Cholecalciferol) vor. Man findet es nur in Lebensmitteln tierischen Ursprungs, besonders in Leber (hohe Konzentration in Fischleberölen!), Milch, Butter und Eigelb. Vorstufe ist das 7-Dehydrocholesterin, das in Leber und Darmschleimhaut durch Einwirkung einer Dehydrogenase aus Cholesterin entsteht und zur Haut transportiert wird. Dort entsteht unter Einwirkung von UV-Strahlen durch eine photochemische Reaktion unter Aufspaltung des B-Rings im Steranskelett zuerst Prävitamin D_3, welches dann durch lichtunabhängige thermische Isomerisierung in Vitamin D_3 übergeht (7).

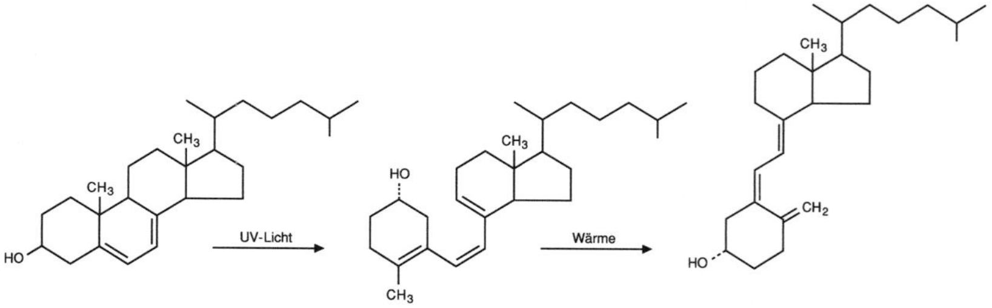

7-Dehydrocholesterin Prävitamin D_3 Vitamin D_3

Bei Körpertemperatur benötigt die Gleichgewichtseinstellung zwischen Prävitamin und Vitamin D_3 etwa 36 Stunden.

In einer analogen photochemischen Reaktion wird das nur in Pflanzen vorkommende Ergosterin in Vitamin D_2 (Ergocalciferol) überge-

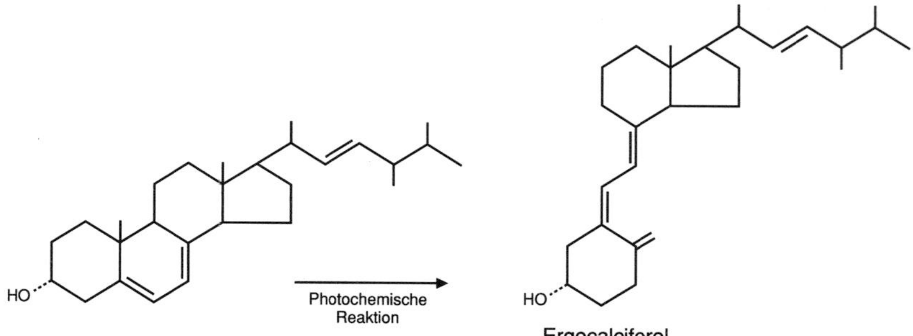

Ergosterin Ergocalciferol (Vitamin D_2)

führt. Cholecalciferol und Ergocalciferol haben die gleiche Wirksamkeit.

Oral zugeführtes, präformiertes Vitamin D wird durch passive Diffusion über den gesamten Dünndarm resorbiert. Die Anwesenheit von Fett und Gallensalzen begünstigt die Resorption. Der Abtransport erfolgt überwiegend in den Chylomikronen über die Lymphe. Beim allmählichen Abbau der Chylomikronen wird Vitamin D auf ein Vitamin-D-bindendes Transportprotein im Plasma übertragen, welches als DBP (D-binding protein) bezeichnet wird. DBP bindet sowohl Vitamin D_3 als auch Vitamin D_2 und Vitamin-D-Metabolite. Es wird angenommen, daß DBP ähnlich wie RBP bei Retinol, eine kontrollierte Aufnahme des Vitamins oder seiner Metabolite in die Zielzellen ermöglicht.

Wirkformen und Wirkungsmechanismus

Die klassischen Untersuchungen über Vitamin D haben gezeigt, daß das Vitamin die intestinale Resorption von Calcium und Phosphat fördert und die Mobilisation von Calcium aus dem Knochen vermittelt. Auf diese Weise werden im Blut Calcium- und Phosphatspiegel aufrechterhalten, die zur normalen Mineralisierung von Knochenmatrix und Knorpel erforderlich sind. In jüngerer Zeit hat sich aber gezeigt, daß nicht das Vitamin selbst wirksam ist, sondern daß es lediglich die Vorstufe einer aktiven Verbindung ist, die in ihrem Wirkungsmechanismus den Steroidhormonen gleichzusetzen ist. Dieses Hormon entsteht in zwei Schritten (1):

Im ersten Schritt wird Cholecalciferol zu 25-Hydroxycholecalciferol (25-OH-D_3) hydroxyliert. Diese 25-Hydroxylierung erfolgt überwiegend in der Leber, zu einem geringeren Anteil auch in Darm und Niere. Die Vitamin-D_3-25-Hydroxylase ist eine Cytochrom P_{450}-abhängige mischfunktionelle Monooxygenase, die im endoplasmatischen Retikulum der Leber (Mikrosomenfraktion) lokalisiert ist. 25-OH-D_3wird dann ausschließlich in der Niere zu 1,25-Dihydroxycholecalciferol (1,25-$(OH)_2$-D_3) hydroxyliert.

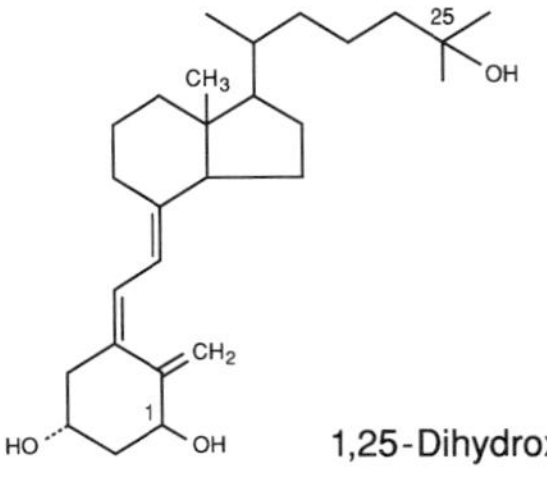

1,25-Dihydroxycholecalciferol

Auch diese 25-(OH)-D_3-1α-Hydroxylase ist eine Cytochrom P_{450}-abhängige mischfunktionelle Monooxygenase, die aber in der inneren Mitochondrienmembran lokalisiert ist. Dieses Enzym wird in komplizierter Weise durch Rückkoppelungsmechanismen reguliert (10). 1,25-$(OH)_2$-D_3 ist Bestandteil eines endokrinen Systems, das den Calcium- und Phosphathaushalt reguliert. Seine Angriffspunkte sind Darm, Knochen und Niere. In der Darmschleimhaut wirkt es wie andere Steroidhormone am genetischen Apparat, indem es die Synthese eines Calcium-bindenden Proteins (CaBP) induziert, welches für die aktive Resorption von Calcium erforderlich ist. Daneben wurden durch 1,25-$(OH)_2$-D_3 ausgelöste Änderungen in den Bürstensaum-Membranproteinen mit alkalischer Phosphataseaktivität gefunden, die mit einer gesteigerten Calciumresorption korrelieren, noch bevor ein Anstieg des CaBP erkennbar wird (9).

Weiterhin hat 1,25-$(OH)_2$ einen positiven Rückkoppelungseffekt auf die Anhäufung von 7-Dehydrocholesterin in der Haut (2). 25-OH-D_3-1α-Hydroxylase und damit die Bildung des wirksamen Produkts 1,25-$(OH)_2$-D_3 wird reguliert durch den Plasmaspiegel an Calcium und an Phosphat. Liegt der Calciumspiegel unter dem Sollwert, erfolgt eine Aktivierung der 25-OH-D_3-1α-Hydroxylase. Steigt unter der Wirkung des 1,25-$(OH)_2$-D_3 der Calciumspiegel über den Sollwert an, so wird die 1α-Hydroxylase supprimiert und stattdessen die 24-Hydroxylase (die bei Hypocalcämie supprimiert ist) stimuliert, so daß statt dem 1,25-Hydroxyderivat das 24,25-$(OH)_2$-D_3 entsteht, welches keinen Einfluß auf den Calciumspiegel hat. Dieser Effekt des Calciumspiegels geht über Parathormon. Die Nebenschilddrüse tastet also den Calciumspiegel ab und beeinflußt dann über Parathormon die Synthese von 1,25-$(OH)_2$-D_3 oder 24,25-$(OH)_2$-D_3. Parathormon kann in Analogie zu anderen endokrinen Systemen als Tropin für die Bildung von 1,25-$(OH)_2$-D_3 angesehen werden (1).

Auch über die Konzentration von anorganischem Phosphat im Serum kann die alternative Bildung von 1,25- oder 24,25-$(OH)_2$-D_3 reguliert werden. Diese Regulation erfolgt direkt, ohne Vermittlung durch Parathormon. Bei niedrigen Phosphatspiegeln wird die Synthese von 1,25-$(OH)_2$-D_3 stimuliert, die Synthese von 24,25-$(OH)_2$-D_3 dagegen supprimiert; bei hohen Phosphatspiegeln ist es umgekehrt (1). Die alternative Bildung von 1,25-$(OH)_2$-D_3 oder 24,25-$(OH)_2$-D_3 wird auch durch 1,25-$(OH)_2$-D_3 selbst gesteuert, welches die Synthese der 24-Hydroxylase induziert und die der 1α-Hydroxylase reprimiert.

Die Wirkung von 1,25-$(OH)_2$-D_3 auf den Calcium- und Phosphathaushalt muß im Zusammenhang mit 2 weiteren Hormonen – Parathormon und Calcitonin – gesehen werden.

Parathormon hemmt die Phosphatrückresorption in der Niere und fördert die Calciumrückresorption.

Es stimuliert die Synthese von 1,25-$(OH)_2$-D_3 in der Niere. 1,25-$(OH)_2$-D_3 wiederum fördert die Calcium- und Phosphatresorption aus dem Darm.

Parathormon und 1,25-$(OH)_2$-D_3 zusammen fördern die Mobilisation von Calcium und Phosphat aus dem Flüssigkeitskompartiment des Knochens.

All diese Mechanismen dienen der Aufrechterhaltung einer ausreichenden Konzentration an Calcium und Phosphat im Serum, um die normale Mineralisierung von Knochenmatrix und Knorpel zu gewährleisten. Ein direkter Angriff von 1,25-$(OH)_2$-D_3 bei der Calcifizierung konnte bis jetzt nicht nachgewiesen werden. Mit großer Wahrscheinlichkeit wird zur normalen Ossifikation neben 1,25-$(OH)_2$-D_3 ein weiterer Metabolit – 24,25$(OH)_2$-D_3 oder 25$(OH)D_3$ – benötigt (5).

Calcitonin hemmt die Mobilisierung von Calcium und Phosphat aus dem Knochen. Für die Calciumhomöostase ergibt sich daraus der in Abb. 17 gezeigte Regelkreis.

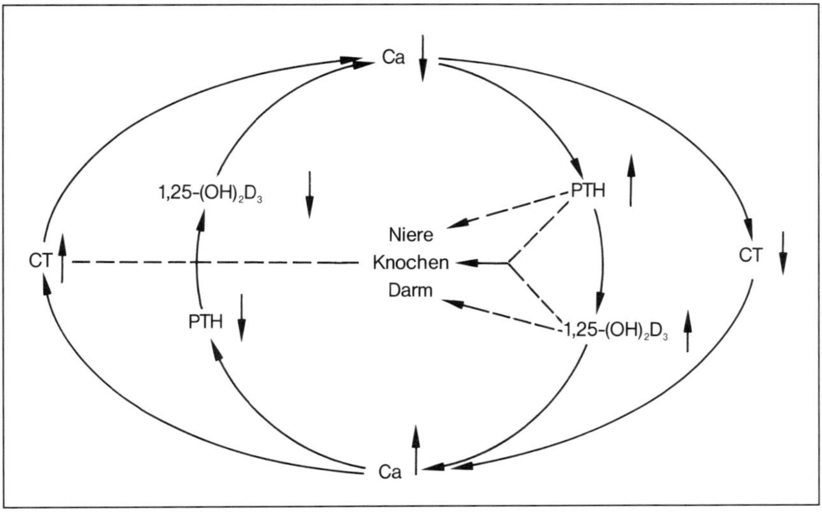

Abb. 17. Regelkreis der Calciumhomöostase. Ca – Calcium; PTH – Parathormon; CT – Calcitonin

Ein Absinken der Calciumkonzentration im Serum verursacht eine gesteigerte Ausschüttung von Parathormon durch die Nebenschilddrüse.

Parathormon induziert die Synthese von 1,25-$(OH)_2$-D_3 in der Niere. Beide Substanzen steigern die Mobilisation von Calcium und Phosphat aus dem Knochen. Parathormon steigert die Calciumrückresorption in der Niere und hemmt die Phosphatrückresorption. 1,25-$(OH)_2$-D_3 fördert die Resorption von Calcium und Phosphat aus dem Darm. All diese Vorgänge führen zu einem Anstieg der Serumcalciumkonzentration, welches nun wieder die Parathormonfreisetzung hemmt und zugleich die Calcitoninsekretion steigert, so daß die Calciummobilisierung aus dem Knochen gehemmt wird. Der Calciumspiegel sinkt dann wieder ab.

Es ist beachtenswert, daß auf ein hypocalcämisches Signal hin der Calciumspiegel steigt, der Phosphatspiegel aber normal bleibt, weil die gesteigerte intestinale Resorption und die gesteigerte Mobilisation von Phosphat aus dem Knochen durch die erhöhte Phosphatdiurese kompensiert wird.

Der Regelkreis für die Phosphathomöostase ist in Abb. 18 dargestellt.

Ein Absinken des Phosphatspiegels bewirkt direkt eine gesteigerte

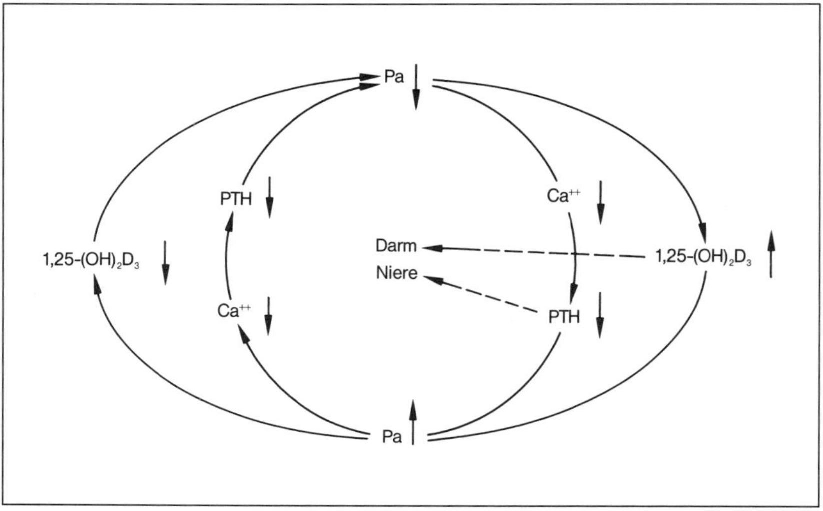

Abb. 18. Regelkreis der Phosphathomöostase (P_a – anorganisches Phosphat, PTH – Parathormon).

Synthese von 1,25-$(OH)_2$-D_3 in der Niere. Darüber hinaus führt es über einen Anstieg von ionisiertem Calcium zum Absinken von Parathormon.

1,25-$(OH)_2$-D_3 fördert die Phosphatresorption aus dem Darm. Die Hypophosphatämie und der niedrige Parathormonspiegel führen zu einer maximalen Stimulierung der Phosphatrückresorption in der Niere. Die Wirkung von 1,25-$(OH)_2$-D_3 auf den Knochen ist dagegen wegen des geringen Spiegels an Parathormon minimal. Die genannten Vorgänge führen zu einem Anstieg von Phosphat im Blut, der wiederum die gesamten Effekte rückgängig macht.

Auf ein hypophosphatämisches Signal hin steigt also der Phosphatspiegel an, der Calciumspiegel jedoch bleibt normal, weil 1,25-$(OH)_2$-D_3 bei geringem Parathormonspiegel nur minimale Mobilisationseffekte am Knochen hat und die gesteigerte intestinale Calciumresorption durch die verringerte tubuläre Rückresorption von Calcium (Parathormon niedrig!) kompensiert wird.

Metabolite des Vitamin D

Der überwiegend in Blut zirkulierende Vitamin-D-Metabolit ist 25-(OH)-D_3. Seine Konzentration im Plasma liegt zwischen 2–3 μg/100 ml (etwa 5×10^{-8} mol/l). Im selben Konzentrationsbereich liegt Vitamin D_3 (6). Die Konzentration von 1,25-$(OH)_2$-D_3 liegt zwischen 3–6 ng/100 ml (etwa 1×10^{-10} mol/l). Bei renaler Osteodystrophie ist sie wesentlich geringer (6). Weitere hydroxylierte Metabolite wie 24,25-$(OH)_2$-D_3, 1,24,25-$(OH)_3$-D_3, 25,26-$(OH)_2$-D_3 sowie wasserlösliche hydroxylierte Metabolite mit einer Carboxylgruppe an der verkürzten Seitenkette werden mit der Galle und zum Teil auch im Urin eliminiert. Ob sie Funktionen haben, ist zur Zeit noch nicht bekannt (2). Die Zusammenhänge der gegenwärtig bekannten Metabolite zeigt Abb. 19.

Ergocalciferol (Vitamin D_2) wird offenbar in gleicher Weise wie Vitamin D_3 metabolisiert; jedenfalls ist die Produktion von 25-(OH)-D_2 und 1,25-$(OH)_2$-D_2 nachgewiesen worden (8).

Mangelerscheinungen

Das bekannteste Symptom des Vitamin-D-Mangels ist die Rachitis, eine Verkalkungsstörung des Knochens beim Kind. Bei ungenügender Vitamin-D-Zufuhr oder Vitamin-D-Bildung im Wachstumsalter ist die Mineralisierung des Knochens unzureichend. Das Skelett ist statischen

Belastungen nicht gewachsen, so daß die als Rachitisfolgen bekannten Deformationen auftreten. Dentition und Fontanellenschluß sind verzögert, im Blut ist die alkalische Phosphatase erhöht und das anorganische Phosphat erniedrigt. Bei der Rachitis ist das gesamte Skelett befallen, aber die Intensität der Störungen ist unterschiedlich; am schwersten sind die am schnellsten wachsenden Teile betroffen.

Die Epiphyse ist zunächst knorpelig angelegt. Sie verkalkt von einem Knochenkern aus, der in einem für jede Epiphyse charakteristischen Lebensalter angelegt wird und sich langsam vergrößert. Der Knorpel ordnet sich zum Gelenk hin in parallelen, säulenförmigen Zellgruppen an. Die Mineralstoffeinlagerung erfolgt zunächst in die Zwischensubstanz der diaphysenwärts gelegenen Zellen. Dies ist eine Vorbedingung für die weitere, vom Mark her erfolgende Verkalkung. Bei der Rachitis ist die Verkalkung der provisorischen Verkalkungszone gestört, der Säulenknorpel wuchert, die Säulen werden unregelmäßig und ihre Begrenzung wird unscharf. Vom Knochen her wird dann ein weiches, kaum verkalktes osteoides Gewebe gebildet. Im Röntgenbild fehlt die scharfe Linie der normalen Verkalkung. Auf dem Entstehen der verbreiterten und unscharf begrenzten Epiphysenlinie beruht auch der „Line-Test", der am häufigsten verwendete biologische Test für den Nachweis eines Vitamin-D-Mangels. Bei der Heilung der Rachitis durch Gaben von Vitamin D setzt die Verkalkung in dieser Zone ein, die Epiphysenlinie wird dadurch schmäler und erscheint immer schärfer begrenzt. Bald erfolgt dann auch die Verkalkung des anderen osteoiden Gewebes.

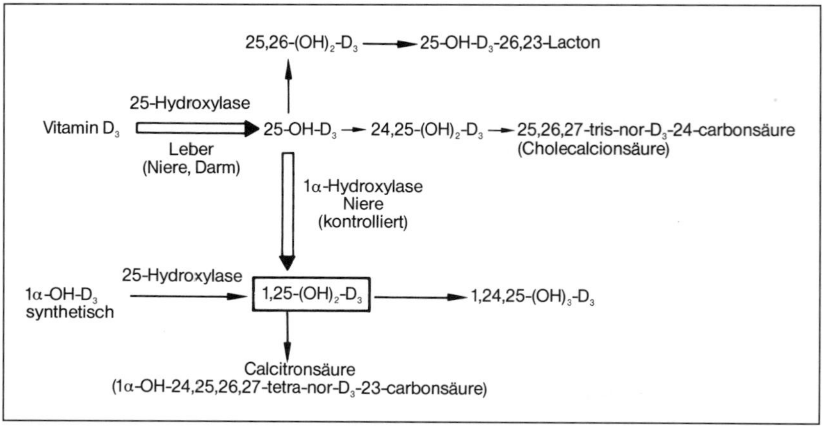

Abb. 19. Stoffwechsel des Vitamin D_3. (Nach 1, 6)

Hypervitaminose D

Bei der Hypervitaminose D findet man Calciumablagerungen in den weichen Geweben, vor allem in der Intima von Gefäßen, in Herz, Lunge und in den Nierentubuli. Eine exakte Dosierungsgrenze läßt sich nicht angeben, weil die Reaktion auf Vitamin D individuell sehr unterschiedlich sein kann. Bei den meisten Erwachsenen führt die chronische Einnahme von mehr als 1,25 mg/Tag zur Hypervitaminose, es sind aber auch schon Intoxikationen bei täglichen therapeutischen Gaben von 0,25 bis 0,625 mg beschrieben worden (4). Bei Personen mit Sarkoidosis, Infekten mit Mykobakterien oder bei einer seltenen Form der Überreaktivität gegen Vitamin D (idiopathische Hypercalcämie) können schon bei chronischer Verabreichung von 25–50 μg/Tag Erscheinungen einer Hypervitaminose ausgelöst werden. Deshalb wird empfohlen, die prophylaktische Zufuhr auf 25 μg/Tag zu beschränken (3) und therapeutische Dosen nur unter ärztlicher Kontrolle zuzuführen.

Erkrankungen durch Störungen im Vitamin-D-System

- Die renale Osteodystrophie wird ausgelöst durch eine unzureichende Bildung von 1,25-$(OH)_2$-D_3 als Folge einer verringerten Nierenmasse und einer Tendenz zu Phosphatretention.
- Beim Hypoparathyreoidismus spricht die Nebenschilddrüse nicht auf Hypocalcämie unter Ausschüttung von Parathormon an, so daß die Produktion von 1,25-$(OH)_2$-D_3 nicht stimuliert wird.
- Bei Pseudohypoparathyreoidismus ist das Zielorgan – die Niere – resistent gegen die Wirkung von Parathormon, so daß es ebenfalls zu einem Defekt der Synthese von 1,25-$(OH)_2$-D_3 kommt.
- Eine Form von Vitamin-D-resistenter Rachitis beruht auf einem genetischen Defekt der 25-(OH)-D_3-1α-Hydroxylase.

Bei all diesen Knochenerkrankungen ist Vitamin D unwirksam, weil es nicht in die wirksame Verbindung umgewandelt wird. Man kann diese Erkrankungen entweder behandeln mit 1,25-$(OH)_2$-D_3 oder mit dem synthetisch hergestellten, leichter zugänglichen 1α-$(OH)_2$-D_3, welches in der Leber durch 25-Hydroxylase in 1,25-$(OH)_2$-D_3 umgewandelt wird (siehe Abb. 19).

- Bei der in der Postmenopause auftretenden Osteoporose findet man um 30 % niedrigere Plasmaspiegel an 1,25-$(OH)_2$-D_3 mit entsprechend verringerter intestinaler Calciumresorption, so daß der normale Plasma-Calcium-Spiegel durch Entmineralisierung des Knochens aufrechterhalten werden muß. Diese Störung spricht gut auf eine Verabreichung von 1,25-$(OH)_2$-D_3 in Mengen von 0,5 μg pro Tag an (1).

Bei primärem Hyperparathyreoidismus ist der Spiegel an 1,25-$(OH)_2$-D_3 erhöht.

Zusammenhänge zwischen Vitamin-D-System und Reproduktion

Bei Säugetieren (Ratten) ist 1,25-$(OH)_2$-D_3 während der Schwangerschaft und der Laktation stark erhöht. Die Bedeutung dieser Beobachtung ist noch unklar, denn bei Säugetieren ist Vitamin D nicht unmittelbar für Reproduktion und Laktation erforderlich (2). Calcium und Phosphat werden durch einen Vitamin-D-unabhängigen Mechanismus aus dem Skelett und dem Darm der schwangeren und laktierenden Mutter bereitgestellt. Die Wiederauffüllung des Mineralbestandes im Skelett der Mutter nach dem Abstillen erfordert aber Vitamin D. Wiederholte Geburten sind deshalb nur bei ausreichender Versorgung mit Vitamin D möglich. Der diaplazentare Transport von Calcium und Phosphat ist Vitamin-D-unabhängig. Die saugenden Jungen benötigen kein Vitamin D für die Resorption von Calcium aus der Milch. Sie werden aber abhängig von Vitamin D, sobald sie andere Nahrung als Muttermilch aufnehmen. Es müssen also für den Calcium- und Phosphathaushalt bei der Reproduktion von Säugetieren noch andere Faktoren außer Vitamin D wirksam sein, über die man zur Zeit noch nicht genügend weiß.

Es gibt Hinweise darauf, daß Sexualhormone einen direkten oder indirekten Einfluß auf die 1α-Hydroxylase haben. So führt z. B. die Behandlung mit synthetischen Östrogenen bei der Osteoporose in der Postmenopause zu einem Anstieg des Plasmaspiegels an 1,25-$(OH)_2$-D_3; auch ein Anstieg während der Schwangerschaft könnte durch Prolaktin und/oder Wachstumshormon bedingt sein. Schlüssige Beweise liegen aber noch nicht vor.

Erfassung des Vitaminstatus

Als Parameter zur Beurteilung des Versorgungszustandes eignet sich die Konzentration von 25-(OH)-D_3 im Plasma. Da die 25-Hydroxylase der Leber im Gegensatz zur 1-Hydroxylase der Niere nicht homöostatisch reguliert wird, stellt die Geschwindigkeit der Bildung von 25-(OH)-D_3 eine Funktion des Vitamin-D-Angebots an die Leber dar. Deshalb ist die Plasmakonzentration an 25-(OH)-D_3 ein Parameter für die Beurteilung der Vitaminzufuhr (5).

Bedarf

1 IE Vitamin D_3 entspricht 0,025 μg des kristallisierten Cholecalciferol. Genaue Angaben über den Bedarf an Vitamin D sind nicht möglich. Obwohl das Vitamin durch Sonnenbestrahlung der Haut gebildet werden kann, hängt die Menge von einer Reihe von Variablen ab, wie z. B. Dauer und Intensität der Bestrahlung sowie Farbe der Haut. Stark pigmentierte Haut kann einen erheblichen Anteil der UV-Strahlung von den tieferen Schichten der Haut abhalten, in denen Vitamin D entsteht. Klimatische Bedingungen, Sonnenscheindauer, Luftverschmutzung müssen ebenfalls in Rechnung gestellt werden.

Obwohl 2,5 μg Vitamin D zur Verhinderung von Rachitis genügen, wird für das Wachstumsalter eine Aufnahme von 10 μg/Tag empfohlen. Größere Mengen haben keinen besseren Effekt und sollten im Hinblick auf die Hypervitaminose vermieden werden. Über die Empfehlungen zur Vitamin-D-Zufuhr orientiert die Tabelle 18.

Tabelle 18. Empfehlungen für die Vitamin-D-Zufuhr

	Vitamin D (μg/Tag)	
	DGE 1985	RDA 1980
Säuglinge bis 12 Monate	10	10
Kinder bis 18 Jahre	10	10
Jugendliche 19–22 Jahre	5	7,5
Erwachsene	5	5
Schwangere	+ 5	+ 5
Stillende	+ 5	+ 5

Literatur

1. DeLuca HF (1979) The vitamin D system in the regulation of calcium and phosphorus metabolism. Nutr Rev 37: 161–193
2. DeLuca HF (1980) Some new concepts emanating from a study of the metabolism and function of vitamin D. Nutr Rev 38: 169–182
3. Deutsche Gesellschaft für Ernährung (1985) Empfehlungen für die Nährstoffzufuhr, 4. erweiterte Überarbeitung, Umschau, Frankfurt am Main
4. Flury W, Haldimann B (1981) Schweiz Med Wochenschr 111: 314
5. Fraser DR (1984) Vitamin D. In: Present Knowledge in Nutrition, 5th ed. The Nutrition Foundation Inc., Washington D.C., pp 209–225
6. Haussler MR (1974) Vitamin D: Mode of action and biomedical applications. Nutr Rev 32: 257–266

7. Holick MF, Richtand NM, McNeill SC, Holick SA, Frommer JE, Henley JW, Potts jr JT (1979) Biochemistry 18: 1003
8. Jones G, Schnoes HK, DeLuca HF (1976) An in vitro study of vitamin D_2 hydroxylases in the chick. J Biol Chem 251: 24–28
9. Moriuchi S, DeLuca HF (1967) Arch Biochem Biophys 173: 367
10. Nutrition Reviews (1987) Mechanism of stimulation of the 25-hydroxyvitamin D_3 hydroxylase by parathyroid hormone. Nutr Rev 45: 184–186

3.3 Vitamin E

Chemie und Eigenschaften

Als Vitamin E bezeichnet man alle Derivate des Tocols und des Tocotrienols, die qualitativ die biologische Aktivität des α-Tocopherols aufweisen.

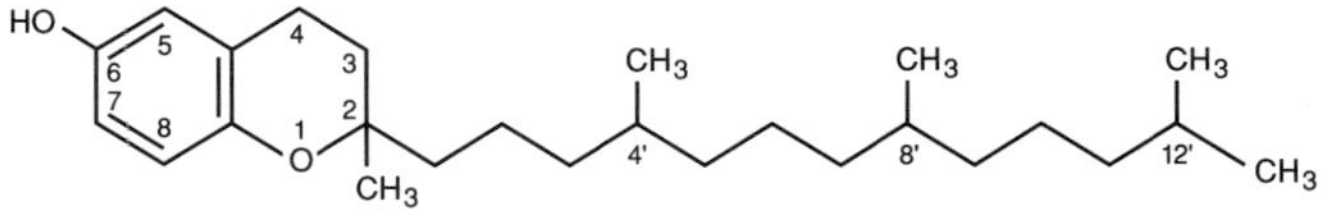

Tocol = 2-Methyl-2-(4',8',12'-Trimenthyl-chroman-6-ol)

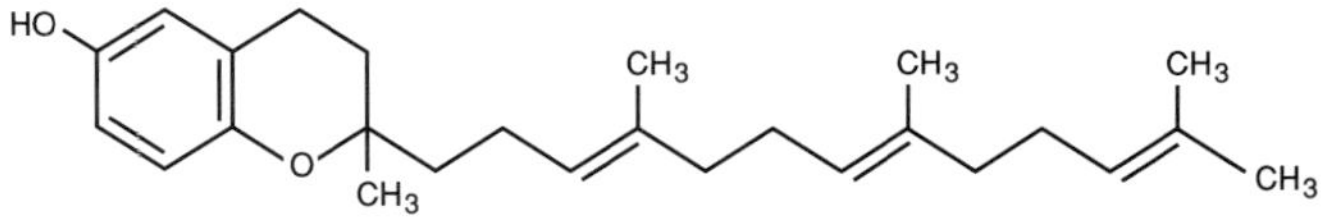

Tocotrienol

Von diesen in der Natur nicht vorkommenden Grundgerüsten leiten sich durch unterschiedliche Substitution mit Methylgruppen die einzelnen Tocopherole und Tocotrienole ab:

	Tocopherole	Tocotrienole
5,7,8-Trimethyl-	α-Tocopherol	α-Tocotrienol
5,8-Dimethyl-	β-Tocopherol	β-Tocotrienol
7,8-Dimethyl-	γ-Tocopherol	γ-Tocotrienol
8-Methyl-	δ-Tocopherol	δ-Tocotrienol

Die Tocopherole haben drei Asymmetriezentren an den C-Atomen

2, 4' und 8', die in der R- oder S-Form vorliegen können, so daß acht Diastereomere möglich sind. Das α-Tocopherol mit der Konfiguration 2R, 4'R, 8'R, früher als d-α-Tocopherol bezeichnet, soll nun *RRR-α-Tocopherol* heißen (14). Die Verbindung mit der Konfiguration 2S, 4'R, 8'R heißt *2-epi-α-Tocopherol*. Eine Mischung aus diesen beiden Diastereoisomeren, das erste synthetisch hergestellte Vitamin E, wird als *2-ambo-α-Tocopherol* bezeichnet, ursprünglich auch als d,l-α-Tocopherol; es ist heute nicht mehr erhältlich. Das heute verfügbare, totalsynthetische Vitamin E, ohne Kontrolle der stereochemischen Verhältnisse gewonnen, ist eine Mischung aus den acht möglichen Diastereoisomeren und muß korrekt als *all-rac-α-Tocopherol* bezeichnet werden. Fälschlicherweise wird es oft auch als d,l-α-Tocopherol aufgeführt, so daß Mißverständnisse und Verwechslungen mit dem 2-ambo-α-Tocopherol auftreten können, welche die Deutung unterschiedlicher Befunde in der Literatur erschweren. Untersuchungen, in denen nicht die genaue Zusammensetzung der verwendeten Tocopherole angegeben ist, sind unverwertbar.

Die biologische Aktivität der Tocopherole und Tocotrienole wird durch verschiedene biologische Tests bestimmt, wie der Fetusresorptionstest an der Ratte, der Enzephalomalazietest an Küken, der Muskeldystrophietest (Ratte, Kaninchen, Küken), der Leberspeichertest (Ratte, Küken), der Erythrozyten-Hämolyse-Test oder die Meßung von Produkten der Lipidperoxidation. Einzelheiten über solche Tests sind in der Literatur nachzulesen (siehe 5, 6).

Die in den verschiedenen Tests gefundenen Daten stimmen zwar nicht völlig überein, insgesamt läßt sich aber eine Abnahme der biologischen Aktivität mit abnehmender Methylsubstitution erkennen (Tabelle 19).

Tabelle 19. Biologische Aktivität von Tocopherolen und Tocotrienolen bei zwei verschiedenen Tests. (Nach 2)

Verbindung	*Biologische Aktivität in % von RRR-α-Tocopherol*	
	Fetusresorptionstest	Hämolysetest
α-Tocopherol	100	100
β-Tocopherol	25–40	15–27
γ-Tocopherol	8–19	3–20
δ-Tocopherol	0,1–1	0,3–2
α-Tocotrienol	21	17–25
β-Tocotrienol	4	1–25
γ-Tocotrienol	–	–
δ-Tocotrienol	–	–

Diese unterschiedlichen biologischen Aktivitäten dürften u.a. auf unterschiedliches Verhalten bei Resorption, Retention und Eindringen in die Zellen zurückzuführen sein.

Früher wurde die Vitamin-E-Aktivität in internationalen Einheiten angegeben, die sich auf das synthetische, nicht mehr erhältliche d,l,-α-Tocopherylacetat bezogen. Dies ist aufgegeben worden zugunsten des Tocopherol-Äquivalents, welches die Menge angibt, die 1 mg RRR-α-Tocopherol in der Wirkung äquivalent ist (Tabelle 20).

Tabelle 20. Tocopheroläquivalente verschiedener Tocopherole und zugehörige Umrechnungsfaktoren

Verbindung	Menge in mg, die 1 mg RRR-α-Tocopherol äquivalent ist	Multiplikationsfaktor zur Umrechnung von 1 mg in Tocopheroläquivalente
RRR-α-Tocopherol	1	1
RRR-α-Tocopherylacetat	1,1	0,91
all-rac-α-Tocopherol	1,35	0,74
all-rac-α-Tocopherylacetat	1,49	0,67
d-β-Tocopherol	2,0	0,5
d-γ-Tocopherol	4,0	0,25
d-δ-Tocopherol	100	0,01
d-α-Tocotrienol	3,3	0,3
andere Tocotrienole	keine meßbare Aktivität	

Um die Tocopheroläquivalente in einer Diät zu errechnen, werden die Milligramme der einzelnen Vitamin-E-Verbindungen mit den Umrechnungsfaktoren in Spalte 3 der Tabelle 20 multipliziert und zu der angegebenen Menge an RRR-α-Tocopherol addiert.

In vielen Lebensmitteltabellen fehlt eine Aufschlüsselung der einzelnen Vitamin-E-wirksamen Verbindungen; die Berechnung wird dadurch oft sehr ungenau. Ist nur der Gehalt an α-Tocopherol angegeben, so addiert man, nach einem Vorschlag des U.S. Food and Nutrition Board, 20% an Aktivität als Schätzwert für die übrigen Tocopherole.

In Abwesenheit von Sauerstoff sind Tocopherole beständig gegen Hitze bis 200 °C. In Gegenwart von Schwermetallen, ranzigen Fetten und Peroxiden werden sie durch Luftsauerstoff rasch oxidiert. Größere Verluste entstehen beim Braten, Rösten und Schmoren, während beim üblichen Garen etwa 10% verloren gehen (4). Bei der Raffination von Speiseölen liegen die Verluste zwischen 10 und 40%.

Vorkommen

Tocopherole sind in Lebensmitteln weit verbreitet. Die beste Tocopherolquelle sind die Pflanzenöle. Ihr Tocopherolgehalt korreliert häufig mit ihrem Polyensäuregehalt, die Nicht-α-Tocopherole machen in ihnen einen unterschiedlich hohen Prozentsatz aus.

Tabelle 21. Tocopherolgehalt von Pflanzenölen (Mittelwerte)

Öl	Gesamt-tocopherole	Anteil der einzelnen Tocopherole in %				
	mg/100 g	α	β	γ	δ	sonstige
Weizenkeimöl	260	56,0	23,5	10,0	10,5	–
Reiskeimöl	168	60,0	–	20,3	10,7	8,0
Sojaöl	118	13,5	–	59,0	17,5	10,0
Maisöl	100	10,0	5,0	80,0	–	–
Baumwollsamenöl	92	55,4	–	44,6	–	–
Saffloweröl	89	51,5	–	21,9	26,6	–
Sesamöl	66	38,9	–	61,5	–	–
Sonnenblumenöl	50	80,0	–	10,0	–	10,0
Erdnußöl	22	15,5	–	64,5	20,0	–

Kuhmilch enthält zwischen 0,06 und 0,12 mg/100 ml Gesamttocopherole und Frauenmilch 0,5–1,0 mg/100 ml (4).

Wirkformen und Wirkungsmechanismen

Die Wirkungen der Tocopherole sind noch nicht vollständig geklärt. Diskutiert werden eine Antioxidanswirkung, eine direkte Membranschutzwirkung und Einflüsse auf die Proteinsynthese. Mit Sicherheit spielt die Wirkung der Tocopherole als Antioxidantien und ihre Fähigkeit, aggressive Sauerstoffradikale unschädlich zu machen, eine besondere Rolle. Diese Auffassung wird dadurch unterstützt, daß manche Tocopherol-Mangelsymptome durch die Verabreichung von synthetischen Antioxidantien wie z. B. DPPD (N, N'-Diphenyl-p-phenylendiamin) oder Äthoxyquin (1,2-Dihydro-6-äthoxy-2,2,4-trimethylchinolin) im Tierversuch verhütbar bzw. heilbar sind. Die Wirkungsunterschiede zwischen Tocopherol und den synthetischen Antioxidantien werden darauf zurückgeführt, daß wesentliche Unterschiede im Stoffwechsel und in der intrazellulären Verteilung zwischen beiden bestehen.

Tocopherole können eine Peroxidation von Polyensäuren verhüten. Die Bildung von Peroxiden erfolgt in vivo nach Untersuchungen an Organhomogenaten und ähnlichen Versuchsanordnungen bei Fortfall des Schutzes durch die Tocopherole in erster Linie durch eine Häminprotein-gesteuerte Katalyse. Die Anfangsstadien der Peroxidation von Linolsäure ergeben sich aus Abb. 20 (die Ziffern sind die Nummern der C-Atome).

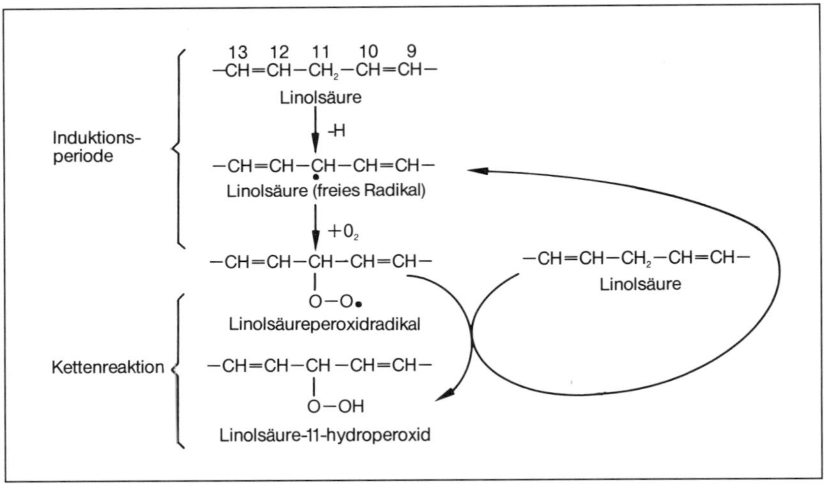

Abb. 20. Mechanismus der Fettsäureperoxidation

In der ersten Stufe wird aus der durch ihre Stellung im Molekül aktivierten CH_2-Gruppe (C-Atom 11) unter Energieaufwand 1 H-Atom abgespalten. Das entstehende Radikal addiert O_2 unter Bildung eines Peroxidradikals, das in Linolsäurehydroperoxid übergeht, wobei es ein neues Linolsäureradikal liefert. Es entsteht auf diese Weise eine Kettenreaktion, die durch Selbstkatalyse immer mehr beschleunigt wird.

An diese einigermaßen überschaubare Primärreaktion schließen sich dann sekundäre Prozesse an, die gegenwärtig noch nicht in allen Einzelheiten geklärt sind. Es handelt sich hierbei sowohl um Spaltungsreaktionen als auch um Kondensationsreaktionen, bei denen polymere Triglyceride und Fettsäuren gebildet werden. Als Spaltprodukte entstehen u. a. Aldehyde, Ketone, Hydroxysäuren, Aldehydsäuren, Ketosäuren, Epoxysäuren, ferner Alkanale und Alkenale, es wird auch Malondialdehyd gebildet, der sich durch seine Farbreaktion mit 2-Thiobarbitursäure leicht nachweisen läßt; eine Reaktion, die in großem Umfang zum Nachweis einer Peroxidation verwendet wird. Dazu ist zu bemerken, daß man mit der Thiobarbiturat-Reaktion nicht die Peroxidation sondern nur deren Spaltprodukte erfaßt, was bereits zu Fehlinterpretationen führte.

Eine sehr empfindliche Methode zur Feststellung der Lipidperoxidation in vivo ist die Messung der Ausatmung von Ethan (18).

Tocopherol führt bei der Peroxidation der Polyensäuren zum Abbruch der Kettenreaktion indem es ein phenolisches Wasserstoffatom an das Peroxidradikal abgibt und dabei selbst über ein Semichinonradikal in das Tocopherylchinon übergeht (15). Es wird somit bei der Reaktion verbraucht, so daß der Tocopherolbedarf mit steigender Zufuhr von Polyensäuren zunimmt.

Die Peroxide sind sehr reaktionsfähige Substanzen und wirken stark toxisch, weil sie mit essentiellen Zellbestandteilen reagieren und diese dadurch inaktivieren, wie z.B. Vitamine, Hormone, Enzyme und anderweitige Wirkproteine, Aminosäuren und Nukleinsäuren. Biologische Membranen sind gegen Peroxide besonders empfindlich, wegen ihres hohen Gehaltes an Polyensäuren enthaltenden Phospholipiden. Es kommt hierbei zu Veränderungen der normalen Membranstruktur und zu Schädigungen von membrangebundenen Enzymen (z.B. der NADP-Oxidase der Membranen von Mitochondrien und Mikrosomen). Solche nachgewiesenen Veränderungen an Mitochondrien und Mikrosomen von Vitamin-E-Mangelratten lassen sich durch die Gabe von Tocopherol verhüten. Einen gewissen Schutz vor den Folgen einer Peroxidbildung bewirkt auch das Glutathion-Peroxidase-System (EC 1.11.1.9.), dessen Aktivität in manchen Organen (Fettgewebe, Muskel) durch die Verabreichung von Tocopherol gesteigert werden kann.

Durch die Bildung von Peroxiden im Tocopherolmangel werden auch die Membranen der Lysosomen labilisiert, wodurch lysosomale Enzyme wie Arylsulfatase, Ribonukleasen, Kathepsine, Glucuronidasen u.a.m. freigesetzt werden, was infolge der Spaltung von Zellbausteinen zu morphologischen Veränderungen führt. Dies wurde vor allem bei der Vitamin-E-Mangel-Muskeldystrophie erstmalig nachgewiesen. Die vermehrte Spaltung der Zellbausteine gibt Anlaß zur erhöhten Ausscheidung typischer Spaltprodukte wie Kreatin, Hydroxyprolin, 3-Methylhistidin und anderen Aminosäuren im Harn.

Untersuchungen in vitro und in vivo haben gezeigt, daß Tocopherol einen gewissen Schutz gegen die toxischen Wirkungen oxidativ wirkender Umweltchemikalien wie O_3 und NO_2 verleiht, deren Einatmung zu einer Abnahme der Polyensäuren in der Lunge und zu einem erhöhten Tocopherolverbrauch Anlaß gibt.

Zwischen den Wirkungen von Tocopherolen und Selen bestehen enge Zusammenhänge, die sich darin äußern, daß Störungen durch Tocopherolmangel in bestimmten Bereichen teilweise oder ganz durch Selen verhütet werden können.

Die Beziehungen zwischen Selen und Tocopherol sind durch die Entdeckung, daß die Glutathionperoxidase ein Selen enthaltendes Protein ist, besser verständlich geworden (19). Wie schon weiter oben erwähnt, ist dieses Enzym ein wesentlicher Faktor für den Schutz der Zellen gegenüber Peroxiden. Dieser Befund schlägt auch eine Brücke zu der Rolle der S-haltigen Aminosäuren, da sie Bausteine des Glutathion sind.

Wasserstoffperoxid, Hydroperoxide, Superoxid und verschiedene freie Radikale einschließlich Hydroperoxyradikale sind Produkte des normalen Zellstoffwechsels und des Stoffwechsels toxischer Substanzen. Derartige Radikale schädigen Zellmembranen, beschleunigen Alterungsprozesse und wirken durch Schädigung der DNA mutagen und evtl. karzinogen.

In einer typischen tierischen Zelle fängt das lipidlösliche *Tocopherol* freie Radikale in Membranen ab; *Glutathionperoxidase* und *Superoxiddismutase* reagieren mit Peroxiden bzw. Superoxid im Zytosol und in der Mitochondrienmatrx; während *Katalase* Wasserstoffperoxid in den Peroxisomen zerstört. Die relative Konzentration und die Bedeutung dieser einzelnen Schutzfaktoren variieren von Gewebe zu Gewebe und von Spezies zu Spezies, wodurch die große Variationsbreite der Selen- und/oder Tocopherolmangelsymptome bei verschiedenen Spezies resultiert (20).

Manche Autoren vermuten über die Antioxidanswirkung hinaus eine direkte stabilisierende Wirkung von Tocopherol auf biologische Membranen, die durch Komplexbildung mit Arachidonsäureresten oder Schutz gegen Phospholipasen zustande kommen soll. Dagegen spricht allerdings der geringe Anteil von Tocopherol in Membranen. In der Erythrozytenmembran beträgt das molare Verhältnis von Vitamin E zu Arachidonsäure 1:500 bis 1:1000 (6).

Weiterhin wird aufgrund der Veränderungen verschiedener Enzymaktivitäten im Vitamin-E-Mangel vermutet, daß das Vitamin eine regulatorische Rolle bei der Proteinsynthese spielt. Eindeutige Beweise für diese Vorstellung liegen aber noch nicht vor.

Gewisse neuromuskuläre Ausfallerscheinungen konnten eindeutig als Vitamin-E-Mangelerscheinungen diagnostiziert werden (9).

Einzelheiten über die Funktion von Vitamin E im neuromuskulären System sind aber noch nicht bekannt.

Stoffwechsel

Die Tocopherole werden zusammen mit den Fetten resorbiert und benötigen zur Resorption die gleichen Voraussetzungen wie die Fette. Jede Fettresorptionsstörung bedeutet auch eine Störung der Tocopherolresorption. Als Effizienz der Resorptionsrate werden beim Menschen nach Messung mit radiaktiv markiertem α-Tocopherol Werte zwischen 50 und 86 % angegeben (5). Bei höheren Dosierungen nimmt die prozentuale Resorption ab. Das resorbierte Tocopherol gelangt in Chylomikronen über die Lymphe ins Blut. Dort verteilt es sich auf die anderen Plasmalipoproteine; der Hauptanteil wird in der LDL-Fraktion gefunden. Ein spezifisches Transportprotein für Tocopherole gibt es nicht.

Der α-Tocopherolgehalt im Plasma gesunder Erwachsener liegt um 1 mg/100 ml, während die γ-Tocopherolkonzentration um 0,1–0,2 mg/100 ml schwankt. Die Konzentrationen der anderen Vitamin-E-Formen betragen zusammen nicht mehr als 0,03 mg/100 ml (6). Wegen der Assoziation von Tocopherol mit Lipoproteinen hängt der Tocopherolspiegel im Plasma auch von der Gesamtlipidkonzentration ab, was die Beurteilung der Vitaminversorgung aus dem Plasmaspiegel erschwert. Deshalb wird die Tocopherolkonzentration zweckmäßigerweise auf den Gesamtlipidgehalt oder auf den Gesamtcholesteringehalt bezogen.

Ein spezifisches Speicherorgan für Vitamin E gibt es nicht. Die höchsten Konzentrationen findet man in den Nebennieren (132 μg/g) und im Fettgewebe (150 μg/g). An absoluten Mengen enthalten Fettgewebe, Leber (13 μg/g) und Muskulatur (19 μg/g) den größten Anteil. Subzellulär findet sich der größte Teil in den Fraktionen, die reich an Membranen sind wie Mitochondrien, Mikrosomen und Zellkerne.

Der Abbau von Tocopherol verläuft zum Teil über das Chinon zur Tocopheronsäure und ihrem Lacton (Simon-Metabolit):

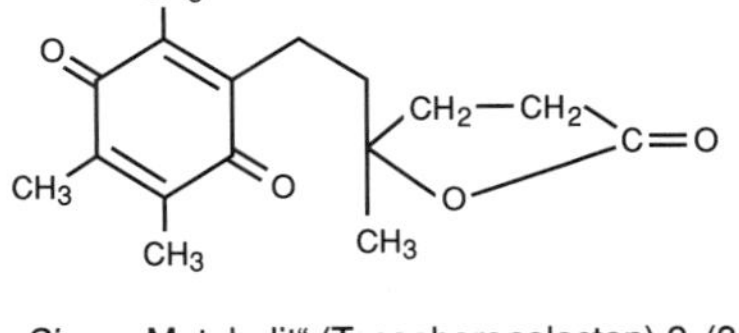

„*Simon*-Metabolit" (Tocopheronolacton) 2-(3-Hydroxy-3-methyl-5-carboxypentyl)-3,5,6-trimethyl-1,4-benzochinon-γ-lacton.

Diese Metabolite werden im Harn ausgeschieden, machen aber nur etwa 1 % der verabreichten Vitamin-E-Menge aus. Der Hauptausscheidungsweg von Tocopherolmetaboliten geht über die Galle in den Darm. (Näheres über verschiedene Metabolite siehe Lit. 5, 6).

Erfassung des Vitaminstatus

Eine allgemein akzeptierte Methode zur Erfassung des Vitamin-E-Status gibt es nicht. Vielfach wird die *Tocopherolkonzentration im Plasma* herangezogen, die jedoch von der Lipidkonzentration abhängt und deshalb für sich allein nicht unbedingt aussagekräftig ist. Verläßlicher soll die *Relation von Tocopherol zur Gesamtlipidkonzentration* sein, für die als untere Grenze des Normalbereichs bei Erwachsenen 0,8 mg Vitamin E/g Gesamtlipid angegeben wird (2, 16). Weitere Methoden sind der *Erythrozyten-Malondialdehydtest* oder die *Bestimmung des Tocopherolspiegels in Thrombozyten* (6).

Bedarf

Über den Vitamin-E-Bedarf des Menschen besteht noch kein allgemeiner Konsens. Die Tabellen 22a und 22b zeigen die Empfehlungen der DGE und des Food and Nutrition Board.

Tabelle 22a. Empfehlungen für die Vitamin-E-Zufuhr (DGE 1985)

	mg Tocopherol-Äquivalente/Tag
Säuglinge	
0– 2 Monate	3
3– 5 Monate	4
6–11 Monate	4
Kinder	
1– 3 Jahre	5
4– 6 Jahre	7
7– 9 Jahre	8
10–12 Jahre	10
13–14 Jahre	12
Jugendliche und Erwachsene	12
Schwangere ab 4. Monat	+ 2
Stillende	+ 5

Tabelle 22b. Empfehlungen für die Vitamin-E-Zufuhr (RDA (1980)

	mg Tocopherol-Äquivalente/Tag Männer	Frauen
Säuglinge		
0 – 0,5 Jahre	3	
0,5 – 1 Jahr	4	
Kinder		
1 – 3 Jahre	5	
4 – 6 Jahre	6	
7 – 10 Jahre	7	
Jugendliche und Erwachsene		
11 – 14 Jahre	8	8
15 – 18 Jahre	10	8
19 – 22 Jahre	10	8
über 22 Jahre	10	8
Schwangere		+2
Stillende		+3

Viele Ernährungswissenschaftler halten diese Zahlen nicht für ausreichend. In einer der längsten Ernährungsstudien wurden Patienten einer Nervenheilanstalt (Elgin/Illinois) mehr als 5 Jahre lang tocopherolarm ernährt (12). Trotz aller Bemühungen betrug der Vitamin-E-Gehalt der Diät immer noch etwa 3 mg α-Tocopherol/Tag. Drastische Veränderungen zeigten sich nicht, aber es kam zu einem Absinken des Plasmaspiegels an Tocopherol und zu einer Verkürzung der Lebensdauer der Erythrozyten. Da zu befürchten war, daß andere Zelltypen mit rascherem Umsatz stärkere Schäden erleiden könnten, wurde der Versuch abgebrochen. Die Auswertung des Versuchs führte zu der Empfehlung von 30 IE Vitamin E (20 mg RRR-α-Tocopherol) pro Tag für Erwachsene. Diese Empfehlung wurde vom Food and Nutrition Board in die Empfehlungen von 1968 übernommen, später aber reduziert.

Da Vitamin E nicht als Coenzym, sondern als Antioxidans wirkt, läßt sich ein fester Bedarf nicht ohne weiteres begründen. Der Bedarf hängt vielmehr ab von der benötigten Antioxidanswirkung. So steigt der Vitamin-E-Bedarf mit steigender Zufuhr an Polyensäuren und hier wieder mit zunehmender Anzahl von Doppelbindungen. Bei der Ratte wurde ein Mehrbedarf von etwa 0,5 mg Tocopherol pro g Linolsäure ermittelt (21). Deshalb sind die niedrigen Empfehlungen für die Vitamin-E-Zufuhr vor dem Hintergrund der Empfehlungen einer reichlichen

Polyensäurezufuhr bis zu einem P/S-Quotienten von 1 unverständlich. Wenn man von der gegenwärtigen durchschnittlichen Fettzufuhr von 140 g/Tag bei einem P/S-Quotienten um 0,33 ausgeht, würde eine Erhöhung des P/S-Quotienten auf 1 eine Mehrzufuhr von 24 g Polyensäuren pro Tag bedeuten und dementsprechend einen zusätzlichen Vitamin-E-Bedarf von 12 mg Tocopheroläquivalenten pro Tag. Auch aus anderen Gründen, wie der Prophylaxe gegen ischämische Herzerkrankungen und Krebs werden höhere Vitamin-E-Zufuhren empfohlen (7, 13).

Therapeutische Anwendung des Vitamin E

Bei keinem anderen Vitamin hat die Frage der therapeutischen Anwendung zu so großen Kontroversen geführt wie bei Tocopherol. Die Liste der empfohlenen Anwendungen umfaßt die meisten nicht-infektiösen Erkrankungen, wie ja häufig ein Präparat um so vielseitiger angewandt wird, je weniger man über seine Wirkung weiß.

Eine sichere Indikation zur Behandlung oder Vorbeugung sind Patienten mit gestörter Fettresorption und unreife Neugeborene, bei denen der Plasmaspiegel an Tocopherolen stark erniedrigt ist. Beim Sclerema neonatorum konnte durch Vitamin-E-Therapie die Mortalität auf 1/7 reduziert werden (8). Außerdem scheint Vitamin E (20 mg/kg) die Entwicklung der chronischen bronchopulmonalen Dysplasie zu verhindern, die sich häufig als Folge der Sauerstoffbehandlung Neugeborener oder Frühgeborener mit „respiratory distress syndrom" entwikkelt.

Doppelblindstudien haben Hinweise erbracht, daß Vitamin E bei der Behandlung der claudicatio intermittens nützlich sein kann. Dazu werden Dosen von täglich 400 mg oder mehr für mindestens 3 Monate benötigt (10, 22).

Positive Effekte werden weiter bei der Behandlung der Thalassämie und bei der hämolytischen Anämie als Folge eines Glutathion-Synthetase-Mangels berichtet.

Bei zahlreichen weiteren Indikationen sind gesicherte Befunde spärlich. Zur Diskussion weiterer therapeutischer Anwendungsvorschläge sei auf Zusammenfassungen verwiesen (5, 6, 11).

Überdosierung

Vitamin E ist eine außerordentlich untoxische Substanz. Es gibt aber Hinweise, daß bei Megadosierungen über 800 IE pro Tag Koagulopathien durch Interferenz mit Vitamin K auftreten können (3, 17).

Mangelerscheinungen

Bei Vitamin-E-Mangel kann es zu Störungen im Bereich des Reproduktionssystems, der Muskulatur, des Nervensystems, des Gehirns, des kardiovaskulären Systems, der Blutzellen und der Leber kommen. Die verschiedenen Mangelsymptome sind speziesabhängig ganz unterschiedlich ausgeprägt.

Die führenden Symptome bei den einzelnen Spezies sind:

- *Ratte:* Resorption der Feten, Testesatrophie. Außerdem kommen Dystrophie der quergestreiften und glatten Muskulatur, Lebernekrosen sowie zentralnervöse Veränderungen vor. Ein typisches Symptom für Vitamin-E-Mangel bei Ratten ist eine Depigmentierung der Schneidezähne.
- *Maus:* Resorption der Feten, jedoch keine Testesatrophie. Eine Muskeldystrophie kommt nur bei sehr jungen Tieren vor und pflegt nicht sehr hochgradig zu sein. Glatte Muskulatur und Zentralnervensystem sind nicht betroffen.
- *Meerschweinchen und Kaninchen:* Frühsymptom ist die Muskeldystrophie. Resorption und Atrophie der Testes können vorkommen.
- *Hund:* Hauptsymptom ist die Muskeldystrophie. Testesdegeneration kommt auch meist vor.
- *Huhn:* Exsudative Diathese und Enzephalomalazie.
- *Katze:* Keine sehr stark ausgeprägte Muskeldystrophie. Die Erythrozyten sind gegen eine Dialursäure-Hämolyse wesentlich empfindlicher als die der Ratte.
- *Affe:* Muskeldystrophie, Kreatinurie, hämolytische Anämie und Leukozytose.
- *Truthahn:* Herzmuskeldegeneration.

Die Resorption der Feten hat ihre Ursache darin, daß die Feten keinen hämatopoetischen Apparat aufbauen können und daher zu Grunde gehen. Die Muskeldystrophie geht mit einer starken Kreatinurie einher, ferner mit Veränderungen des Proteinstoffwechsels, die sich u. a. auch in einer erheblichen Aminosäurenausscheidung im Harn äußert. Insbesondere ist die Ausscheidung von 3-Methylhistidin vergrößert, ein klassisches Symptom für Störungen im Bereich der Proteinsynthese im Muskel. Die Muskeldystrophie geht mit starken Abnahmen zahlreicher Enzyme im Muskel einher wie z. B. Transaminasen und Zunahmen hydrolytischer Enzyme wie Ribonuklease, Kathepsin, Arylsulfatase, saure Phosphatase u.a.m.

Die beiden führenden Vitamin-E-Mangelsyndrome bei Hühnern sind die Enzephalomalazie, bei der Spasmen, Ataxien oder Paralysen auftreten und bei denen histologisch Hämorrhagien, Ödeme und

Nekrosen (vor allem die Purkinje-Zellen des Kleinhirns betreffend) gefunden werden, sowie die exsudative Diathese, bei der Ödeme in Muskeln, Bindegewebe und subkutanem Gewebe auftreten, die mitunter durch Zersetzungsprodukte von Hämoglobin grünlich gefärbt sind.

Beim Menschen wurden derart drastische Mangelerscheinungen nie beobachtet. Einwandfreie Hinweise auf Tocopherolmangelzustände gibt es bei unreifen Frühgeborenen. Man findet Irritabilität, Ödeme und hämolytische Anämie mit verkürzter Lebensdauer der Erythrozyten (1).

Zum Teil mag die unterschiedliche Ausprägung von Mangelsymptomen bei verschiedenen Spezies durch einen ernährungsbedingten unterschiedlichen Gehalt der Organe an Polyensäuren verursacht sein. So läßt sich bei Hühnern eine Zunahme der Häufigkeit von Enzephalomalazie bis zu 100% mit ernährungsbedingter Steigerung des Polyensäuregehalts der Mitochondrien zeigen (11). Beim Menschen sind zwei Fälle beschrieben worden, bei denen eine reichliche Polyensäurezufuhr im Vitamin-E-Mangelzustand zu einer Enzephalomalazie führte, die histologisch völlig der Küken-Enzephalomalazie glich (11).

Bei Patienten mit gestörter Fettresorption, insbesondere bei zystischer Pankreasfibrose, wurden verringerte Tocopherolspiegel im Blut, verkürzte Lebensdauer der Erythrozyten und histologische Veränderungen in der Muskulatur beschrieben, ohne daß jedoch die Muskelfunktion gestört war (1). Es sind aber inzwischen auch Fälle von schweren Fettresorptionsstörungen mit Muskeldystrophie und Kreatinurie bekannt, die auf Vitamin-E-Behandlung ansprechen (11).

Literatur

1. Bieri JG (1975) Vitamin E. Nutr Rev 33: 161–167
2. Chow CK (1985) Wld Rev Nutr Diet 45: 133
3. Corrigan jr JJ, Marcus FI (1974) J Am Med Ass 230: 1300
4. Deutsche Gesellschaft für Ernährung (1985) Empfehlungen für die Nährstoffzufuhr, 4. erweiterte Überarbeitung. Umschau Verlag, Frankfurt/Main
5. Elmadfa I, Bosse W (1985) Vitamin E. Eigenschaften, Wirkungsweise und therapeutische Bedeutung. Wissenschaftliche Verlagsgesellschaft mbH, Stuttgart
6. Friedrich W (1987) Handbuch der Vitamine. Urban und Schwarzenberg, München, Wien, Baltimore
7. Gey KF, Brubacher GB, Stähelin HB (1987) Plasma levels of antioxidant vitamins in relation to ischemic heart disease and cancer. Am J Clin Nutr 45: 1368–1377
8. Gerloczy F, Bencze B (1961) Acta Paediat Hung 2: 4
9. Guggenheim MA, Ringel StP, Silvermann A, Grabert BE (1982) Progressive neuromuscular disease. J Pediat 100: 51–58

10. Haeger K (1974) Long-time treatment of intermittent claudication with vitamin E. Am J Clin Nutr 27: 1179–1181
11. Horwitt MK (1980) Therapeutic uses of vitamin E in medicine. Nutr Rev 38: 105–113
12. Horwitt MK (1976) Vitamin E: a reexamination. Am J Clin Nutr 29: 569–578
13. Horwitt MK (1986) The promotion of vitamin E. J Nutr 116: 1371–1377
14. IUPAC-IUB (1982) Nomenclature of tocopherols and related compounds 1981. Eur J Biochem 123: 473
15. McCay PB, King MM (1980) In: Machlin JL (ed) Vitamin E – a comprehensive treatise. M Dekker, New York, Basel p 289
16. Machlin LJ (1984) In: Machlin LJ (ed) Handbook of vitamins. M Dekker, New York p 99
17. March BE, Wong E, Seier L, Sim J, Biely J (1977) J Nutr 103: 371
18. Riely CA, Cohen G, Liebermann M (1974) Ethane evolution: A new index of lipid peroxidation. Science 183: 208–210
19. Rotruck JT, Pope AL, Ganther HE, Swanson AB, Hafeman DB, Hoeskstra WG (1973) Selenium: Biochemical role as a component of glutathione peroxidase. Science 179: 588–590
20. Sunde RA, Hoekstra WG (1980) Structure, synthesis and function of glutathione peroxidase. Nutr Rev 38: 265–273
21. Weber F, Weiser H, Wiss O (1963/64) Bedarf an Vitamin E in Abhängigkeit von der Zufuhr an Linolsäure. Z Ernährungswiss 4: 245–253
22. Williams HTG, Fenna D, Macbeth RA (1971) Surg Gynecol Obstet 132: 662

3.4 Vitamin K

Chemie und Eigenschaften

Es gibt in der Natur verschiedene Verbindungen mit Vitamin-K-Wirksamkeit. Allen gemeinsam ist, daß es sich um 1,4-Naphthochinonderivate oder Vorstufen handelt; die Unterschiede liegen in der Art und Länge der Seitenkette. Phyllochinon (Vitamin K_1) kommt in den Chloroplasten der höheren Pflanzen vor und enthält als Seitenkette einen Phytolrest. Menachinon (Vitamin K_2) wird überwiegend in Bakterien gebildet und enthält eine Polyprenyl-Seitenkette:

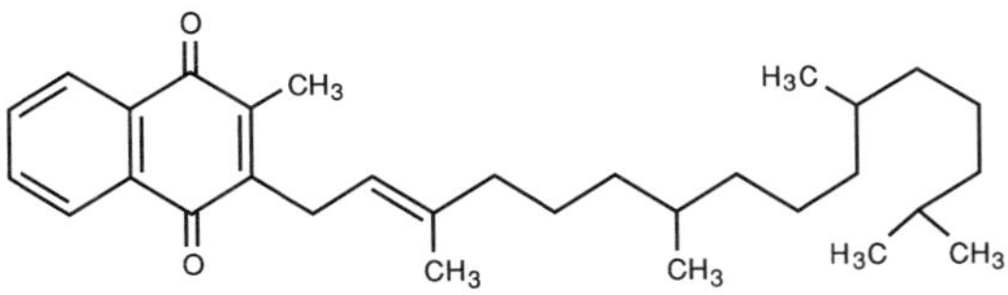

Vitamin K_1
(Phyllochinon)

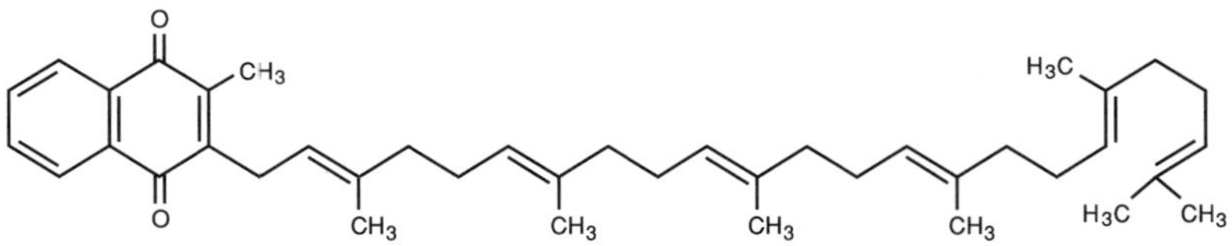

Vitamin K_2
(Menachinon-6)

Die dem Namen nachgestellte Zahl gibt die Anzahl der Isoprenoidreste in der Seitenkette an.

Neben diesen Vitaminen sind auch synthetische Verbindungen ohne Seitenkette wirksam, die im Organismus in Vitamine umgewandelt werden können, wie Menadion (2-Methyl-1,4-naphtochinon, Vitamin K_3) und 2-Methyl-1,4-naphthohydrochinon (Vitamin K_4).

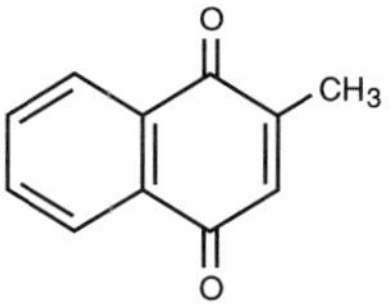

Vitamin K_3
(2-Methyl-1,4-naphthochinon, Menadion)

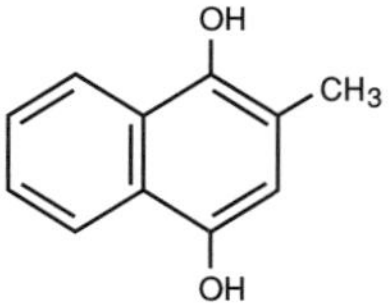

Vitamin K_4
(2-Methyl-1,4-naphthohydrochinon)

Auch wasserlösliche Präparate sind entwickelt worden, wie z.B. Synka-Vit (Bisphosphorsäureester des Vitamin K_4).

Die K-Vitamine sind unempfindlich gegen Hitze und Sauerstoff, so daß die Verluste bei der Zubereitung von Speisen gering sind. Die Einwirkung von Licht und ionisierenden Strahlen führt zu einer Zerstörung der K-Vitamine.

Vorkommen

Die beste Vitamin-K-Quelle ist grünes Blattgemüse. Auch Früchte, Getreide- und Milchprodukte sowie Fleisch tragen, wenn auch in geringerem Umfang, zur Versorgung bei.

Wirkungsmechanismus

Der Wirkungsmechanismus des Vitamin K bei der Synthese der Gerinnungsfaktoren ist am ausführlichsten am Prothrombin untersucht worden. Das Vitamin greift an einem nach der Translation gelegenen Schritt an, indem es einen Prothrombinvorläufer modifiziert. Es konnte gezeigt werden, daß die calciumbindenden Eigenschaften des Prothrombinmoleküls auf dem Gehalt an einer bei dieser Gelegenheit neu entdeckten Aminsoäure beruhen, nämlich γ-Carboxyglutaminsäure = 3-Amino-1,1,3-propantricarbonsäure (8, 9).

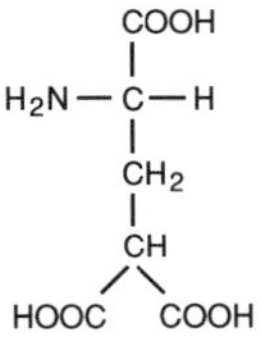

γ-Carboxyglutaminsäure

Die bei Mangel an Vitamin K entstehende inaktive Prothrombinvorstufe enthält stattdessen nur Glutaminsäurereste. 10 Glutaminsäurereste unter den terminalen 42 Aminosäureresten des Vorläufermoleküls werden unter der Wirkung von Vitamin K auf diese Weise modifiziert. Der Vitamin-K-abhängige Schritt bei der Bildung von Prothrombin ist also die Carboxylierung von Glutamylresten einer präformierten Prothrombinvorstufe. Die Häufung von Carboxylgruppen ermöglicht offensichtlich wie bei synthetischen Chelatoren die Bindung von Ca^{++}. Calcium ist erforderlich für die Bindung von Prothrombin an Phospholipidoberflächen (2). Der bei Vitamin-K-Mangel gebildete Prothrombinvorläufer wird nicht an Phospholipide gebunden. Ähnliche Mechanismen wie bei Prothrombin scheinen für die Gerinnungsfaktoren VII, IX und X zuzutreffen.

Der molekulare Mechanismus der Vitamin-K-Wirkung bei der Carboxylierungsreaktion ist noch nicht völlig geklärt. Mit der Carboxylierung ist eine zyklische Interkonversion von oxidierten und reduzierten Formen des Vitamin K verknüpft (Abb. 21).

An diesem Vitamin-K-Zyklus sind neben dem Carboxylase/Epoxidase-System eine Dithiol-abhängige Vitamin-K-Epoxid-Reduktase und eine Dithiol-abhängige Chinon (Vitamin K)-Reduktase beteiligt. Diese beiden Enzymaktivitäten gehören vermutlich zu einem Enzym. An dieser Reaktion greifen Vitamin-K-Antagonisten wie Warfarin (s. Seite 134) als Hemmstoffe an. An der Reduktion des Chinons zum Hydrochinon ist weiterhin eine NAD(P)-abhängige Reduktase (DT-Diaphorase, ein Flavinenzym) beteiligt. Der eigentliche Carboxylierungsschritt, welcher molekularen Sauerstoff, CO_2 und Vitamin-K-

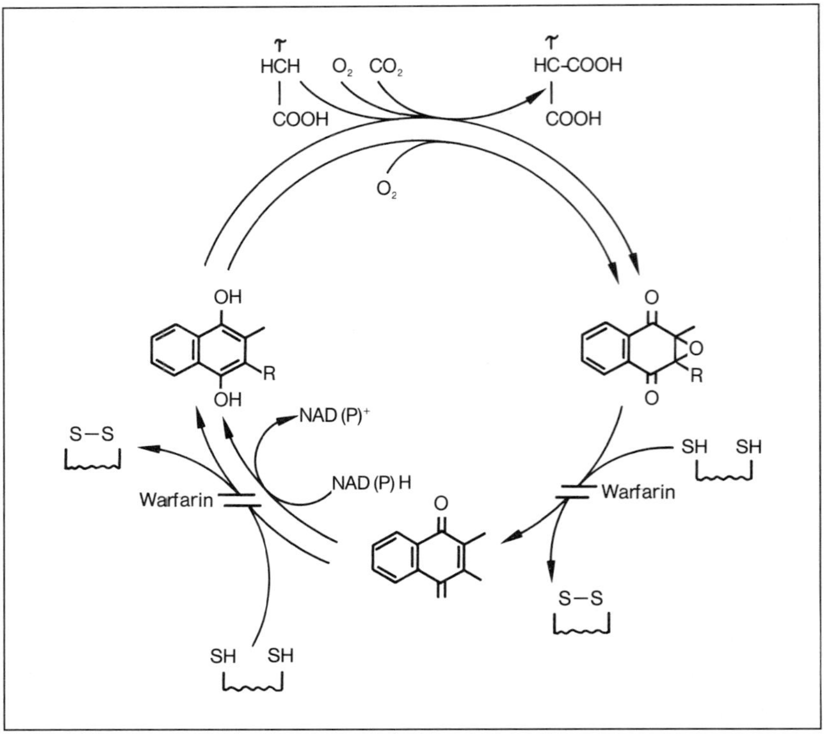

Abb. 21. Vitamin-K-Zyklus bei der Carboxylierung von Glutaminsäureresten. (Nach 10)

Hydrochinon benötigt, ist in seinem molekularen Wirkungsmechanismus noch nicht voll aufgeklärt. Es wird vermutet, daß mindestens ein weiterer Vitamin-K-Metabolit, vielleicht Vitamin-K-Hydroperoxid, beteiligt ist und daß es bei der Reaktion zur Elimination des C-4-Wasserstoffs der Glutaminsäure kommt, an dessen Stelle dann CO_2 tritt (6).

γ-Carboxyglutaminsäure wurde deshalb so spät entdeckt, weil die übliche Methode zur Bestimmung der Aminosäurezusammensetzung von Proteinen darin besteht, die Aminosäuren nach Säurehydrolyse des Proteins an Ionenaustauscher-Säulen zu trennen. In stark saurer Lösung aber wird γ-Carboxyglutaminsäure zu Glutaminsäure decarboxyliert. Mit entsprechend modifizierter Technik wurden weitere Carboxyglutaminsäure-haltige Proteine im Plasma und in Geweben aufgefunden, deren Bedeutung z.T. noch unklar ist (siehe 2). Eines davon ist

Osteocalcin, ein niedermolekulares Protein, das zuerst in Hühnerknochen aufgefunden wurde (3).

Bei der Entwicklung des Hühnerembryos koinzidiert das Erscheinen von Osteocalcin mit dem Beginn der Knochenmineralisation und die Konzentration an γ-Carboxyglutaminsäure korreliert mit dem Ausmaß der Mineralisierung in verschiedenen Knochenregionen (4). An der Regulation der Synthese von Osteocalcin ist 1,25-Dihydroxycholecalciferol beteiligt.

Vitamin-K-Antagonisten und Vitamin-K-Mangel führen zu einer verringerten Carboxylierung von Glutaminsäureresten in Osteocalcin (5). Da jedoch trotz dieses Effekts Mineralisierung und Knochenwachstum normal verlaufen, ist die Funktion des Osteocalcin noch unklar. Sicher ist jedoch, daß Vitamin K außer im Bereich der Blutgerinnung noch weitere Funktionen hat.

Stoffwechsel

Die Resorptionsrate, untersucht mit markiertem Vitamin K_1, liegt zwischen 20 und 60%. Durch die Gegenwart von schlecht resorbierbaren lipidlöslichen Substanzen (z. B. Paraffinöle) im Darm wird die Resorption stark gehemmt. Nach Untersuchungen von Martius (1) werden nur geringe Mengen an Phyllochinon und Menachinon unverändert resorbiert und über den Lymphweg abtransportiert. Beim größeren Anteil erfolgt durch die Einwirkung von Darmbakterien eine Abspaltung der Seitenkette und eine Resorption des Vitamins als Menadion. In der Leber entsteht daraus durch Anfügen einer Polyprenyl-Seitenkette das für den tierischen Organismus typische Menachinon-4. Diese Anfügung der Seitenkette soll durch Cumarin-Antikoagulantien gehemmt werden, weshalb die oben aufgeführten Verbindungen ohne Seitenkette nicht dazu geeignet sind, eine durch solche Antikogulantien ausgelöste Gerinnungshemmung rückgängig zu machen. Zu diesem Zweck muß Phyllochinon parenteral verabreicht werden.

Im Blut werden die K-Vitamine durch Lipoproteine transportiert. Die Speicherung in Organen ist gering. Sie reicht für die Überbrückung eines Vitaminmangels von knapp 2 Wochen.

Der Abbau der Vitamine vollzieht sich derart, daß zunächst durch ω-Oxidation der Seitenkette eine Carboxylgruppe entsteht und dann die Seitenkette durch β-Oxidation sukzessiv verkürzt wird. Die entstandenen Säuren werden als Glucuronide ausgeschieden (Abb. 22).

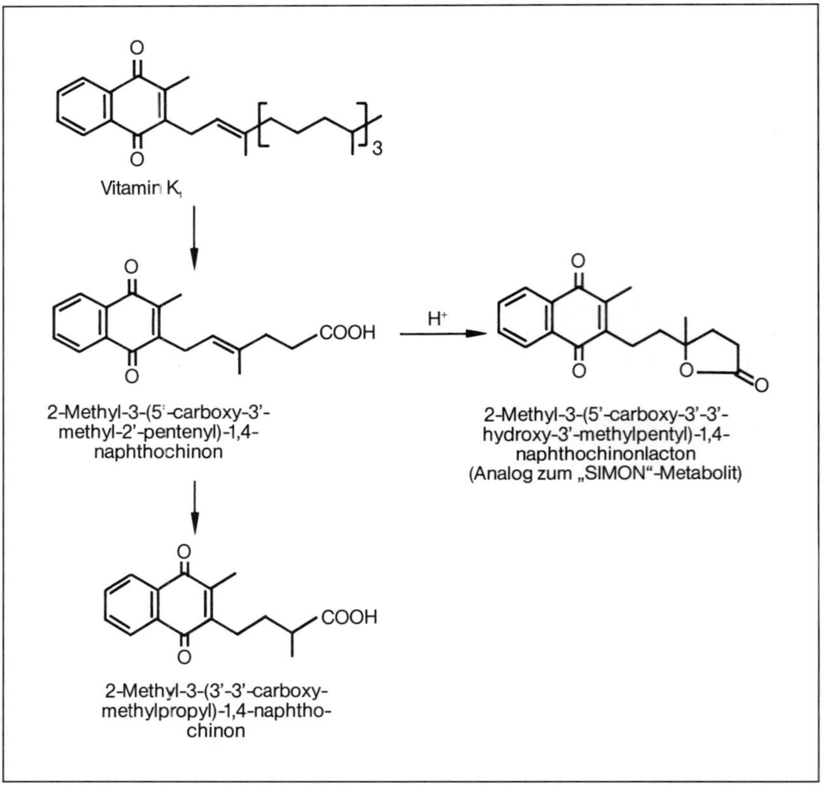

Abb. 22. Abbau des Vitamin K

Erfassung des Vitaminstatus

Vitamin K wird für die Bildung von 4 Gerinnungsfaktoren benötigt: Faktor II (Prothrombin), Faktor VII, IX und X. Bei Vitaminmangel sinkt der Blutspiegel an diesen Faktoren ab, was zu einer Verlängerung der Gerinnungszeit und zu Hämorrhagien führt. Die Thromboplastinzeit nach Quick wird verlängert; sie eignet sich zur Feststellung des Vitamin-K-Status. Dicumarol und Derivate des Cumarins wie z. B. Warfarin oder Marcumar wirken als Vitamin-K-Antagonisten und können zur Hemmung der Blutgerinnung therapeutisch eingesetzt werden.

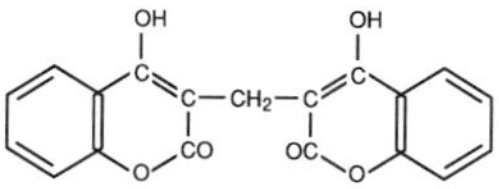

Dicumarol
3,3'-Methylen-bis-
(4-oxycumarin)

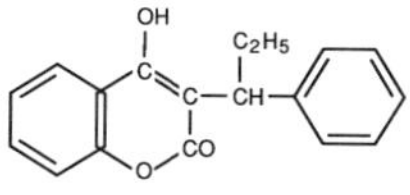

Markumar
3-(1'-Phenylpropyl)-
4-oxycumarin

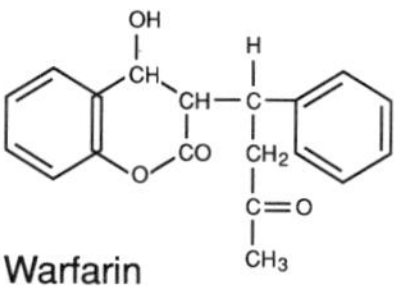

Warfarin

Bedarf

Genaue Angaben über den Vitamin-K-Bedarf lassen sich nicht machen. Die Deutsche Gesellschaft für Ernährung schätzt den Bedarf auf etwa 10 μg/kg Körpergewicht. Der Food and Nutrition Board schätzt ihn auf 2 μg/kg und Tag. Bei den Konzentrationsbereichen in Tabelle 23 wird für die niedrigen Zahlen davon ausgegangen, daß von den 2 μg/kg die Hälfte von der Darmflora, die andere Hälfte durch exogene Zufuhr zur Verfügung gestellt wird; die höheren Werte kommen durch die Annahme zustande, daß die gesamte Menge exogen zugeführt werden muß.

Tabelle 23. Empfehlungen für die Vitamin-K-Zufuhr (RDA)

	μg Vitamin K
Säuglinge	
0– 6 Monate	12
7–12 Monae	10– 20
Kinder und Jugendliche	
1– 3 Jahre	15– 30
4– 6 Jahre	20– 40
7–10 Jahre	30– 60
über 11 Jahre	50–100
Erwachsene	70–140

Mangelerscheinungen

Ein schwerer alimentärer Vitamin-K-Mangel läßt sich nur bei Vögeln erzeugen. Menschen und Säugetiere sind von der Zufuhr an Vitamin K teilweise unabhängig, weil die Darmbakterien in der Norm beträchtliche Mengen an Vitamin K synthetisieren. Analysen der menschlichen Leber zeigten, daß etwa die Hälfte des Vitamin K beim Menschen aus der Darmflora stammt, während die andere Hälfte exogen aufgenommenes Phyllochinon ist (7). Da die Darmflora durch Sulfonamide und Antibiotika geschädigt wird, kann bei längerer Verabreichung solcher Substanzen ein Vitamin-K-Mangel entstehen. Auch Malabsorptionssyndrome können zu Vitamin-K-Mangel führen. Neugeborene haben in den ersten Lebenstagen noch einen sterilen Darm und haben kein nennenswertes Depot an Vitamin K. Deshalb weisen sie häufig einen niedrigen Prothrombinspiegel im Blut auf und neigen zu Hämorrhagien.

Literatur

1. Billeter M, Bolliger W, Martius C (1964) Untersuchungen über die Umwandlung von verfütterten K-Vitaminen durch Austausch der Seitenkette und die Rolle der Darmbakterien hierbei. Biochem Z 340: 290–303
2. Friedrich W (1987) Handbuch der Vitamine. Urban und Schwarzenberg, München, Wien, Baltimore
3. Hauschka PV, Liau JB, Gallop PM (1975) Proc Nat Acad Sci 72: 3925
4. Hauschka PV, Reid ML (1978) Dev Biol 65: 426
5. Hauschka PV, Reid ML (1978) Vitamin K dependence of a calciumbinding protein containing γ-carboxyglutamic acid in chicken bone. J Biol Chem 253: 9063–9068
6. Nutr Rev 42: 290–292 (1984)
7. Rietz P, Gloor U, Wiss O (1970) Int J Vit Res 40: 351
8. Stenflo J, Fernlund P, Egan W, Roepstorff P (1974) Proc Nat Acad Sci 71: 2730
9. Stenflo J, Suttie JW (1977) Vitamin D-dependent formation of γ-carboxyglutamic acid. Ann Rev Biochem 46: 157–172
10. Suttie JW (1985) Ann Rev Biochem 54: 459

4 Risikogruppen der Bevölkerung

Zahlen über die Vitaminversorgung der Bevölkerung, die aus Agrar- oder Einkaufsstatistiken stammen, sagen wenig über die Versorgungslage aus, weil sie starke individuelle Unterschiede bei der Vitaminaufnahme nicht berücksichtigen können. Untersucht man den tatsächlichen Vitaminstatus der Bevölkerung in repräsentativen Stichproben, so finden sich Bevölkerungsgruppen, die deutlich aus der Norm herausfallen und eine unzureichende Vitaminversorgung aufweisen. Die Erkennung ist nicht einfach, weil es sich um marginale oder subklinische Mangelerscheinungen handelt (s. Seite 7/8), die nur mit subtilen Methoden erfaßt werden können.

Man bezeichnet solche Gruppen als Risikogruppen (4). Dazu gehören:

- Menschen mit besonders niedrigem Energiebedarf (z.B. junge Frauen), oder geringer Energiezufuhr (Personen unter Reduktionsdiät). Da die Nährstoffdichte der Lebensmittel in Bezug auf Vitamine begrenzt ist, wird das Risiko einer unzureichenden Versorgung mit abnehmender Nahrungszufuhr immer größer.
- Jugendliche. Hier sind falsche Ernährungsgewohnheiten meist die Ursache für Mangelzustände. Betroffen sind vor allem Thiamin, Riboflavin, Folsäure und Vitamin C.
- Alte Menschen. Hier addieren sich mehrere Ursachen wie geringer Bedarf, Fehl- und Mangelernährung, falsche Zubereitung und Aufbewahrung der Lebensmittel, schlechtes Gebiß, Resorptionsstörungen und oft auch chronischer Arzneimittelkonsum. Es können alle Vitamine betroffen sein.
- Anhänger von Außenseiter-Diätformen (Fehlernährung).
- Leistungssportler und Schwerarbeiter durch erhöhten Bedarf, gesteigerten Umsatz, Verluste durch Schweiß. Andererseits findet man bei Leistungssportlern auch sinnlose und ungezielte Anwendung riesiger Vitaminmengen.
- Schwangere und Stillende. In diesem Zustand bzw. Situation besteht ein Mehrbedarf an allen Vitaminen.
- Frauen unter Dauergebrauch an oralen Kontrazeptiva. Es besteht dann ein erhöhter Bedarf an verschiedenen Vitaminen, insbesondere an Vitamin B_6.

- Alkoholiker. Auch hier können verschiedene Ursachen wie Resorptionsstörungen, Mangelernährung, Leberschäden und ein gesteigerter Vitaminbedarf (alle Vitamine können betroffen sein) zu Mangelzuständen führen.
- Raucher. Sie weisen einen gesteigerten Bedarf, insbesondere an Vitamin C und A auf.

Die Gruppe der kranken Menschen muß gesondert betrachtet werden. Die genannten Empfehlungen für die Vitaminzufuhr gelten für gesunde Menschen mit durchschnittlicher Lebensweise. Krankheiten können in vielfältiger Weise den Vitaminbedarf, die Vitaminresorption oder die Vitaminverwertung beeinflussen, so daß der Bedarf beträchtlich erhöht sein kann. Solche Mangelzustände werden meist übersehen, weil sie von den Symptomen der primären Krankheit überdeckt werden, aber sie können den Heilungsverlauf erheblich beeinträchtigen. Ein wenig beachtetes Gebiet ist dabei auch die Vielfalt von Wechselwirkungen zwischen Arzneistoffen und Vitaminen, die zu einem gesteigerten Bedarf führen. Hierzu muß auf kompetente Zusammenfassungen verwiesen werden (3, 8).

5 Vitamine als Medikamente

Prophylaktische Anwendung

Unter Berücksichtigung der negativen Folgen von Vitaminmangelzuständen – selbst marginaler Mangel führt zu Störungen der Befindlichkeit und der Leistungsfähigkeit, also zu Beeinträchtigung der Lebensqualität – und im Hinblick auf die Schwierigkeiten und Kosten einer kompletten Vitaminstatusanalyse wird deutlich: Eine prophylaktische Anwendung von Vitaminpräparaten ist dann zu empfehlen, wenn ein Verdacht auf unzureichende Zufuhr besteht und die Lebens- und Ernährungsweise sich, aus welchen Gründen auch immer, nicht umstellen läßt. Sicher muß immer zuerst versucht werden, eine ausreichende Vitaminversorgung durch vollwertige Ernährung sicherzustellen, aber wenn das nicht möglich ist, sollten rechtzeitig Vitamine supplementiert werden. Der Dosisbereich einer solchen präventiven Anwendung liegt in der Größenordnung der RDA- oder der DGE-Empfehlungen und kann bis zum 5fachen der RDA-Werte gehen. Lediglich bei den Vitaminen A und D muß aus Gründen absoluter Sicherheit Zurückhaltung geübt werden, und als Obergrenze für die präventive Anwendung werden bei Vitamin A 3 mg Retinoläquivalente/Tag und bei Vitamin D 10 μg/Tag empfohlen.

Eine noch offene Frage ist, ob eine Vitaminzufuhr über die Empfehlungen hinaus Vorteile in Richtung „optimale Gesundheit" bringen kann. Erfahrungen aus der Tierernährung sprechen dafür. Es gibt ferner Hinweise, vor allem aus epidemiologischen Untersuchungen, daß die „antioxidativen Vitamine", vor allem Vitamin C, Vitamin E und β-Carotin (eigenständige Wirkung, nicht auf Basis der Vitamin-A-Vorstufe) synergistisch als Radikalfänger altersbedingte degenerative Erkrankungen wir kardiovaskuläre Erkrankungen und bestimmte Formen von Krebs verhindern oder verzögern können (5, 6). Vorerst handelt es sich um Hinweise und nicht um Beweise im wissenschaftlichen Sinn. Deshalb werden diese Fragen noch kontrovers diskutiert, und es können noch keine allgemeine Empfehlungen gegeben werden. Es bleibt daher vorläufig dem Einzelnen überlassen, ob er aus den vorliegenden Berichten Konsequenzen für sich ziehen will oder nicht.

Therapeutische Anwendung

Eine therapeutische Anwendung von Vitaminen ist dann erforderlich, wenn ein Mangel bereits eingetreten ist, oder aufgrund einer Erkrankung wahrscheinlich ist. Als medizinische Indikationen für eine Therapie mit Multivitaminpräparaten können gelten:

- Resorptionsstörungen aller Art, insbesondere als Folge von Veränderungen der Schleimhaut (Zöliakie) oder beschleunigter Darmpassage (chronisch-rezidivierende Diarrhoe). Betroffen sind vor allem die fettlöslichen Vitamine, ferner Folsäure durch Ausfall der γ-Glutamylcarboxypeptidase der Mucosazellen, häufig auch Thiamin und Riboflavin.
- Maldigestions- und Malabsorptionszustände als Folge von Pankreasinsuffizienz. Betroffen sind vor allem die fettlöslichen Vitamine.
- Maldigestions- und Malabsorptionszustände als Folge operativer gastrointestinaler Eingriffe (Beschleunigung der Darmpassage, Verringerung der resorbierenden Oberfläche) können Verwertungsstörungen für praktisch alle Vitamine verursachen.
- Leberparenchymerkrankungen können durch eine verringerte Speicherung (Vitamin A), einen Bypass oder einen veränderten Stoffwechsel den Vitaminhaushalt beeinträchtigen.

Eine Vitamintherapie ist ferner erforderlich bei:

- Vitaminmangel durch gesteigerten Stoffwechsel als Folge von Fieber, Katabolie oder Verbrennungen
- Streß jeder Art
- Myokardinfarkt
- chirurgischen Traumen und für die Wundheilung
- entzündlichen Erkrankungen und Infektionen
- Hyperthyreose (erhöhter Vitamin-A-Bedarf)
- Hämodialyse (massive Verluste an allen wasserlöslichen Vitaminen).

Der Dosisbereich für die therapeutische Anwendung von Multivitaminpräparaten geht bis zum 10fachen der RDA, wiederum mit Einschränkungen für Vitamin A und Vitamin D.

Hochdosierte Anwendung von Einzelvitaminen (Megavitamintherapie)

Ein anderes Gebiet ist die hochdosierte Anwendung von Einzelvitaminen zur gezielten Behandlung von:

- *definierten Mangelkrankheiten* (z. B. Rachitis oder Xerophthalmie) oder
- *angeborenen Enzymdefekten* (z. B. Homocystinurie, Cystathionin-

urie, primäre Oxalose Typ I oder verschiedener Störungen des Cobalaminstoffwechsels). Derartige Stoffwechselkrankheiten sind selten und die Behandlung bleibt Spezialkliniken mit entsprechenden Kontrollmöglichkeiten vorbehalten.

- Über solche Indikationen hinaus macht man in bestimmten Fällen von der *pharmakodynamischen Wirkung* von Vitaminen Gebrauch. Man versteht darunter pharmakologische Effekte, die in hohen Dosen (Megadosen) erreicht werden und mit der eigentlichen Vitaminwirkung nichts zu tun haben. Ein Beispiel ist die lipidsenkende Wirkung von Nicotinsäure bei Dosen im Grammbereich.

Viele Anwendungsgebiete für Megavitamindosen sind umstritten. Es stellt sich dann zwangsläufig die Frage nach möglichen schädlichen Wirkungen so hoher Dosen im Sinne einer Nutzen-Risiko-Abwägung. Die meisten Vitamine haben eine erstaunlich geringe Toxizität (s. Seite 142). Vermutete schädliche Wirkungen sind oft ebenso wenig sicher dokumentiert wie vermutete positive Effekte. Ausnahmen sind Vitamin A und Vitamin D (siehe oben), bei denen ein relativ enger Dosierungsspielraum besteht, sowie Vitamin B_6, bei dessen langfristiger Anwendung in Dosen, die 2–3 Zehnerpotenzen über dem Vitaminbedarf liegen, toxische Wirkungen auftreten können. Besonders in England und in den USA werden Megadosen von Vitamin B_6 langfristig zur Behandlung des prämenstruellen Syndroms angewandt. In den USA werden von bestimmten Schulen der Psychiatrie Megadosen zur Behandlung von Schizophrenie und von kindlichen Verhaltensstörungen wie Autismus eingesetzt (7). Im Laufe solcher Behandlungen, insbesondere aber auch bei jahrelanger Selbstmedikation, sind einzelne Fälle von peripherer sensorischer Neuropathie beschrieben worden, die mit ataktischen Gangstörungen, Reflexstörungen und Störungen des Tast- und Vibrationssinnes beginnen (Übersicht bei 1, 7). Weil trotz der weit verbreiteten Anwendung nur über eine recht geringe Anzahl solcher Fälle Mitteilungen existieren, kann man eine kritische Dosisgrenze nicht genau angeben. Nach Berichten, denen eine sorgfältige Untersuchung zugrundeliegt, dürften erst Dosen über 300 mg/Tag gefährlich werden. In diesem Dosisbereich können bei regelmäßiger Einnahme Monate bis Jahre vergehen, bis eine Neuropathie auftritt. Im Grammbereich (es wird über Tagesdosen von 2–6 Gramm berichtet), kann die Erkrankung schon nach Monaten auftreten. Absetzen des Vitamins hat in den geschilderten Fällen im Laufe von Wochen bis Monaten zur vollständigen Wiederherstellung der Gesundheit geführt.

Leider wird mit der hochdosierten Anwendung von Vitaminen viel Mißbrauch getrieben durch Unterstellung von Wirkungen, die keiner

Nachprüfung standhalten. Derartiger Unsinn kann am besten eingeschränkt werden, wenn das Wissen über Wirkung und Wirkungsweise von Vitaminen eine weitere Verbreitung findet, insbesondere auch unter den Ärzten.

Sicherheitsfaktoren bei täglicher Vitaminanwendung

Wenn zwingende Indikationen für eine hochdosierte Anwendung von Vitaminen vorliegen, so stößt man bei manchen Vitaminen, insbesondere bei Vitamin A und D, aber auch bei Vitamin B_6 bis in den Bereich toxischer Wirkungen vor. Deshalb muß hier wie bei jedem stark wirksamen Medikament eine Nutzen-Risiko-Abwägung und eine sorgfältige Überwachung des Patienten erfolgen. Anders ist es bei der prophylaktischen und therapeutischen Anwendung von Multivitaminpräparaten,

Tabelle 24. Sicherheitsfaktoren bei täglicher Anwendung von Vitaminen bei Erwachsenen

Vitamin	DGE-Empfehlung	Mindestdosis für für unerwünschte Wirkungen bei zeitlich unbegrenzter Einnahme	Sicherheitsfaktor
Retinol (mg-Äquiv.)	1,1	7,5[a])	7
Vitamin D (μg)	10	25 – 50[b])	2,5 – 5
Vitamin E (mg Tocopherol-Äquiv.)	12	800	67
Vitamin C (mg)	75	5000	67
Thiamin (mg)	1,5	300	200
Riboflavin (mg)	1,8	1000	556
Nicotinamid (mg)	20	1000	50
Vitamin B_6 (mg)	2,1	> 300 [c])	> 140
Folsäure (mg)	0,4	400	1000
Pantothensäure (mg)	8	10000	1250
Biotin (mg)	0,14	140	1000
Vitamin B_{12} (μg)	5	> 1000	> 200

a) Gilt nicht für schwangere Frauen.

b) Personen mit Sarcoidosis, Infekten mit Mykobakterien oder mit idiopathischer Hypercalcämie (Hyperreaktivität gegen Vitamin D). In Multivitaminpräparaten sollte dieser niedrige Sicherheitsfaktor berücksichtigt werden. Bei gezielt indizierter Vitamin-D-Behandlung, die auf jeden Fall unter Kontrolle durchgeführt werden muß, können wesentlich höhere Einzeldosen angewandt werden.

c) In besonderen Fällen können und müssen Dosen bis 1 g/Tag angewendet werden. Dabei ist laufende Kontrolle erforderlich. (1, 2) die auch ohne Überwachung sicher durchzuführen sein muß, und bei der einem möglichen Nutzen keinerlei Schaden entgegenstehen darf.

Eine Auflistung der Sicherheitsspannen bei der Dosierung von Vitaminen zeigt Tabelle 24: Als Kriterium galt, daß schon die niedrigste Dosis, bei der in Einzelfällen über unerwünschte Nebenwirkungen bei zeitlich unbegrenzter Einnahme berichtet wurde, als geringste Dosis für Nebenwirkungen anzugeben war. In den meisten Fällen sind die Sicherheitsspannen höher.

Aus den Zahlen kann man erkennen, daß die vorgesehenen Dosierungsgrenzen für präventive oder therapeutische Anwendung (5faches bzw. 10faches der RDA-Werte) in einem absolut sicheren Bereich liegen.

Literatur zu Kap. 4 und 5

1. Bässler KH (1988) Megavitamin Therapy with Pyridoxine. Internat J Vit Nutr Res 58: 105–118
2. Bundesgesundheitsamt (1988) „Aufbereitungsmonographie gem. § 25 Abs. 7 AMG. Vitamin B_6 (Pyridoxin)." Bundesanzeiger 84
3. Deutsche Gesellschaft für Ernährung (1980) Ernährungsbericht 1980. Umschau Verlag, Frankfurt
4. Deutsche Gesellschaft für Ernährung (1984) Ernährungsbericht 1984. Umschau Verlag, Frankfurt
5. Diplock AT (1987) Dietary supplementation with antioxidants. Is there a case for exceeding the recommended dietary allowanced? Free Radical Biology and Medicine 3: 199–201
6. Gey KF, Brubacher GB, Stähelin HB (1987) Plasma levels of antioxidant vitamins in relation to ischemic heart disease and cancer. Am J Clin Nutr 45: 1368–1377
7. Leklem JE, Reynolds RD (1988) Current Topics in Nutrition and Disease, Vol 19: Clinical and Physiological Applications of Vitamin B_6. Alan R Liss Inc, New York
8. Reimann J, Apel A (1988) Wechselwirkungen zwischen Arzneistoffen und Vitaminen. Deutsche Apotheker Zeitung 128: 737–743

Sachregister